A

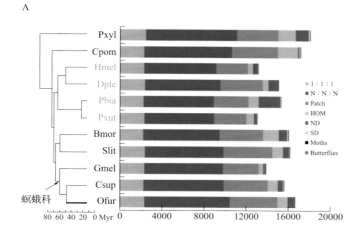

B

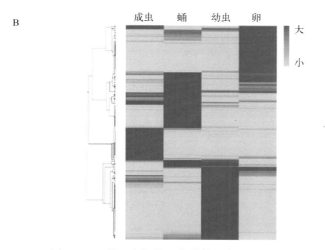

图 4-1　亚洲玉米螟的生物学特性与基因组进化

A．11 种鳞翅目昆虫的系统发育分析；B．232 个亚洲玉米螟特异性基因的表达谱

Myr 表示百万年；Pxyl，*Plutella xylostella* 小菜蛾；Cpom，*Cydia pomonella* 苹果蠹蛾；Hmel，*Heliconius melpomene* 红带袖蝶；Dple，*Danaus plexippus* 黑脉金斑蝶；Pbia，*Papilio bianor* 碧凤蝶；Pxut，*Papilio xuthus* 柑橘凤蝶；Bmor，*Bombyx mori* 家蚕；Slit，*Spodoptera litura* 斜纹夜蛾；Gmel，*Galleria mellonella* 大蜡螟；Csup，*Chilo suppressalis* 二化螟；Ofur，*Ostrinia furnacalis* 亚洲玉米螟；蛾和蝴蝶分别用黑色和蓝色字体表示，每个节点都进行了 100 次 bootstrap 重复，黑色箭头指示螟蛾科；"1：1：1" 表示在不同物种中普遍存在单拷贝基因；"N：N：N" 代表不同物种的多拷贝基因；"SD" 表示物种特有的重复基因；"Patch" 包括其余未分类的同类；"HOM" 表示没有同源，但检测到部分同源 E<1 e-5；"ND" 表示物种特有的基因；"Moths" 表示只在 4 种蝴蝶，而不在 7 种飞蛾存在的同源基因；"Butterflies" 代表仅在 7 种蛾类而不是 4 种蝴蝶中存在的同源基因；聚类分析使用 "Morpheus" 进行

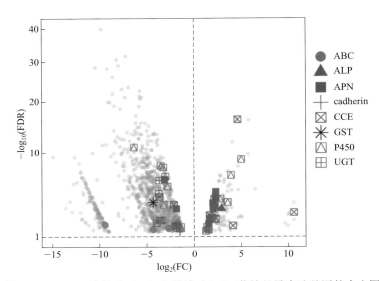

图 4-4　Cry1Ab 抗性（AbR）和敏感（BtS）菌株差异表达基因的火山图

每个圆点代表一个基因［log₂(FC)>1，在亚洲玉米螟 Cry1Ab 抗性品系中基因上调；log₂(FC)<-1，在亚洲玉米螟 Bt 敏感品系中基因上调］，不同颜色的符号表示解毒相关基因和预测的 Bt 受体

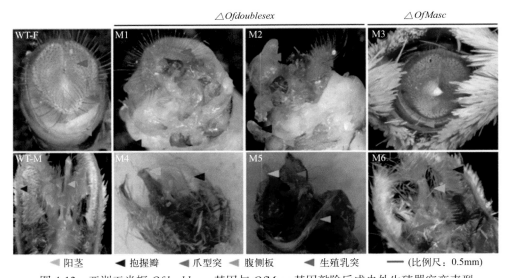

◀阳茎　　◀抱握瓣　　◀爪型突　◀腹侧板　　◀生殖乳突　　—(比例尺：0.5mm)

图 4-13　亚洲玉米螟 *Ofdoublesex* 基因与 *OfMasc* 基因敲除后成虫外生殖器突变表型

亚洲玉米螟

生物学研究与综合防治

YAZHOU YUMIMING

SHENGWUXUE YANJIU YU ZONGHE FANGZHI

张琪 著

化学工业出版社

·北京·

内容简介

本书以作者 10 多年来的研究成果为基础，以亚洲玉米螟的生物学特点和害虫综合治理为核心，详细介绍了亚洲玉米螟发生规律、形态特征、为害状、滞育等行为，以及基因组、重要受体蛋白家族分析，害虫综合防治原理和应用等方面内容，为转基因玉米开放后对亚洲玉米螟防治效果的正确推广与玉米螟综合防治的健康发展提供技术参考。

本书可供从事植物保护研究和害虫田间治理的相关人员、玉米种植大户、玉米害虫治理单位人员使用，也可供相关专业院校师生阅读。

图书在版编目（CIP）数据

亚洲玉米螟生物学研究与综合防治 / 张琪著. —北京：
化学工业出版社，2023.10
ISBN 978-7-122-43855-3

Ⅰ.①亚… Ⅱ.①张… Ⅲ.①玉米螟-生物学-研究-
亚洲②玉米螟-病虫害防治-研究-亚洲 Ⅳ.①S435.132

中国国家版本馆 CIP 数据核字（2023）第 136959 号

责任编辑：刘 军 孙高洁 文字编辑：李娇娇
责任校对：边 涛 装帧设计：王晓宇

出版发行：化学工业出版社（北京市东城区青年湖南街 13 号 邮政编码 100011）
印 装：北京印刷集团有限责任公司
710mm×1000mm 1/16 印张 9½ 彩插 1 字数 146 千字 2023 年 8 月北京第 1 版第 1 次印刷

购书咨询：010-64518888 售后服务：010-64518899
网 址：http://www.cip.com.cn
凡购买本书，如有缺损质量问题，本社销售中心负责调换。

定 价：80.00 元

前言

　　沈阳农业大学是中央与辽宁省共建的全国重点大学，为辽宁省一流大学重点建设高校。该校的植物保护学院在开设初期就开始对玉米作物病虫害进行研究，至今已有 70 多年的历史。然而，随着昆虫生理生化、分子生物学、基因组学的不断发展，我们深感应该撰写一本关于亚洲玉米螟作为全国范围内玉米上的重要害虫在生物学、生理学和害虫综合防治方面以及分子层面的最新研究进展和全新知识体系的专著。

　　本书是基于作者多年来在多项国家自然科学基金以及辽宁省青年基金的支持下，对亚洲玉米螟的生物学和防治策略的研究和探索基础上编写而成的。本书着重介绍了亚洲玉米螟的生理生化特性，介绍了如何应用有害生物综合治理的基本原理结合分子生物学理论对亚洲玉米螟进行综合防控。书中的内容大多基于前辈科研工作者在亚洲玉米螟以及玉米作物上的研究，又结合了本实验室在亚洲玉米螟分子生物学、害虫抗药性和转 Bt 基因作物方向上的研究。

　　本书编写过程中，沈阳农业大学植物保护学院的吴元华教授，博士研究生顾俊文，硕士研究生陆迪、张珀瑞、孙仪林、王靖怡、李学海、祖尔东·加拉力丁和张昕达等给予了大力支持，这里一并表示衷心感谢。

　　由于时间仓促，限于作者水平，书中疏漏和不当之处在所难免，恳请广大读者批评指正。

著者

2023 年 4 月

目录

第1章

亚洲玉米螟的特性
及形态特征

1.1 玉米螟的分类与形态

玉米螟在我国已知有两个品种，分别为亚洲玉米螟［*Ostrinia furnacalis*（Güenée）］和欧洲玉米螟［*Ostrinia nubilalis*（Hübner）］，同属鳞翅目（Lepidoptera），螟蛾科（Pyralidae），秆野螟属（*Ostrinia*），俗称玉米钻心虫。在我国，亚洲玉米螟和欧洲玉米螟均有分布，但以亚洲玉米螟为优势种[1]。对亚洲玉米螟的生活史形态具体描述如下，其形态请参见图 1-1。

（1）成虫 雄蛾体色较雌蛾体色更深，翅底黄色，前翅前缘中央在中室内有褐色环状斑纹，在内横线与外横线之间有一较大的褐色圆形斑点，内横线呈暗褐色，沿中线向内曲折，内横线间带褐色，外缘有褐色带，后翅褐色较前翅淡，近外缘有淡黄色的宽带，长达后缘。头部及胸部的背面为黄褐色，腹部为灰白色，下唇须背面褐色，腹部灰白色，口喙长且上有银白色的鳞片，触角丝状，复眼发达。前足外向白色，内向近似灰色，中后足为银白色，足上内距比外距长一倍，

图 1-1　亚洲玉米螟的生活史

体长 11～14mm，翅展 25～27mm。雌蛾前翅呈暗黄色，离前缘三分之一处有一紫褐色锯齿状条纹，前缘中央有棕色斑点两个，靠内向的为一个较小的椭圆形斑点，靠外向的较大，呈圆锥形。雌性蛾前翅具有肾形斑与环形斑，前横线较后横线更显著；雌蛾后翅斑纹常不显著。

（2）卵　长约 1mm，宽约 0.8mm，椭圆形，扁平，中央稍稍隆起，表面呈网纹状，具毛，初产出时为乳白色，四周半透明，卵块内各卵的排列呈鱼鳞状，迎着阳光微微发光，每个卵块常包括 20～60 粒卵或者更多，卵在发育过程中颜色逐渐变黄，卵块在即将孵化时其中央可见卵壳内幼虫的黑色头壳。

（3）幼虫　成熟的幼虫体长 20～30mm，宽 3～4mm，呈圆筒形。头为赭褐色，体为淡灰黄色，背面一般为淡黄色，有时呈其他色泽（淡粉红色及淡褐色等），在两侧气门线以上，有几丁质合成的黑色小颗粒点。前胸节及尾节的硬皮板均为黄褐色，毛片很大，圆形或者椭圆形，毛片四周及刚毛基部有褐色圈，刚毛黄褐色。中后胸背面各有毛片 4 枚，每个毛片上各有刚毛 2 根，一长一短。前胸硬皮板 6 根毛，腹部第 1～8 节的背面，分为 2 小节，各节前半部两侧在气门上有毛片 4 枚，较大，中间毛片距离较近，后半部有毛片 2 枚，较小，左右两毛片距离较远，所有毛片上的毛均为一根。第 8 节的气门较其他各节更大。第 9 节背面两侧的毛合并而成一块毛片。胸足黄白色，爪褐色，腹足为白色，足上有 3 根毛，趾钩呈单行双序缺环型。

（4）蛹 雄蛹长 15～16mm，宽 2～3mm；雌蛹长 18～19mm，宽 3～4mm。全体为褐色，头部为黑褐色，而背部颜色较腹部深，腹部逐渐向尾部收窄，呈圆锥形，腹部各节有凸起的横圈一条。翅芽，下颚，中后足的长度相等，均长至腹部第 5 节的中央，后足在中足之下，前足的末端位于头和翅端中央。触角尖端与翅尖的上方一致，上唇发达，下唇须小。腹部第 5～6 节各有腹足疤一对，胸部背面正中隆起如脊状，腹部气门卵形而小，腹部末端有褐色的臀棘，弯曲，顶端有刺毛，肛门裂隙状[2]。

欧洲玉米螟与亚洲玉米螟的区别主要在外形上，欧洲玉米螟雄蛾前翅正面底色淡黄，广布暗褐色，基部暗褐色；雌蛾前翅肾形斑和环形斑与后横线同等显著，雌蛾后翅常具明显的后横线与亚端线[3]。同时相较于欧洲玉米螟，亚洲玉米螟抱器腹具刺区长于无刺区，抱器腹刺一般为 3～4 根，平均数多于欧洲玉米螟，且雌性第 8 腹节背板腹缘骨化。欧洲玉米螟抱器腹无刺区长于具刺区，抱器腹刺一般 3 根，平均数少于亚洲玉米螟，雌性第 8 腹节背板腹缘骨化和折皱较亚洲玉米螟弱而简单[4]。

1.2 玉米螟的分布与为害

亚洲玉米螟的食性范围很广，属于杂食性害虫，善钻蛀、取食隐蔽，除了取食玉米外，亚洲玉米螟也会为害其他作物，对作物生长的破坏性极大。一代玉米螟和二代玉米螟对寄主的选择性差异较大，不同地区玉米螟对寄主植物的为害程度不同[5]。而且，不同代次的亚洲玉米螟在不同作物上可转移为害，这对亚洲玉米螟的发育进度会有不同程度的影响[6]。同时，春玉米栽培的提前和与作物的混种也对亚洲玉米螟的虫源基数起到抑制作用，如在河北张家口地区，一代玉米螟主要分布在玉米田，约占虫口总量的 40%～55%，其余 45%～60%分布在高粱和谷田。而二代玉米螟对玉米、苍耳、葎草、酸模叶蓼和金盏银盘为害最重[7]。在江苏沿海地区，春玉米播种提前 7 天可以压低 3 代亚洲玉米螟虫源基数，并减轻棉花田 3 代亚洲玉米螟的压力以提升棉花的经济效益[6]。在台湾中部地区，咸洪泉等人发现亚洲玉米螟可为害豇豆、菜豆等豆类蔬菜，还可以为害甜菜[8]。张牧海发现玉米螟可为害小麦[9]，还有报道称玉米螟可为害大麻[10]、苏丹草[11]。而欧洲玉米螟除了在新疆的伊宁单一为害玉米外，在混生区内则多为害杂草，原因尚不明确，但有研究人员通过扫描电镜观察、性信息素的结构鉴定以及聚丙烯酰胺凝胶电泳对酯酶、苹果脱氢酶、醇脱氢酶和乳酸脱氢酶 4 种同工酶进行研究，结果均表明混生区的所谓欧洲玉米螟应为苍耳螟[7,12,13]。

1.3　影响亚洲玉米螟发生的因素

玉米螟的发生因地理位置、地势和气温不同，发生代数也不同[14]。一年发生 2 代的地区，第 1 代幼虫在 7 月上旬盛发，为害玉米的心叶，第 2 代幼虫在 8 月中旬盛发，为害玉米果穗。最后玉米螟均以末代老熟幼虫在寄主秸秆、穗轴或根茬中越冬，次年生长季节到来后开始化蛹、羽化、产卵、孵化幼虫继续为害玉米。亚洲玉米螟滞育的解除并不需要经过相当长的低温，然而较高的温度会引起幼虫的死亡率增加[15]。因此，温度的缓慢上升以及环境中营养的补给是诱导玉米螟成功化蛹解除滞育的重要因素。

玉米螟在我国普遍发生，是玉米病虫害中发生面积最大、为害损失最重的有害生物。近年来我国各玉米产区均有加重发生的态势，一般常年发生面积 2 亿亩（1 亩=666.7m²）以上，占玉米病虫害发生面积的 1/3 以上，为害损失率达 10%～30%，严重时达到 50%以上[16]。当前，国内专家学者对亚洲玉米螟的发生条件、为害状况、损失程度及防治方法等做了大量的研究。李红等根据气候条件对玉米螟的发生做出预报，认为 5～7 月的平均气温、降水量是亚洲玉米螟主要发生期年际波动的主要影响因子[17]。鲁新等研究认为亚洲玉米螟的发育起点温度平均为 13℃ [18]。在吉林省中部地区发生二代玉米螟，一般 900 日度的有效积温即可满足发育，目前的有效积温为 1039.63 日度，所以发生二代玉米螟不存在积温不足问题。李静秋通过对玉米螟化蛹的年际波动、地理位置与气象条件的分析，认为 5、6 月份的温度决定了玉米螟化蛹的早晚，适宜的降水是化蛹的另一个必要的条件。当预报 5、6 月份低温或者干旱、水分过多时，玉米螟化蛹就会延后，相应的玉米螟为害加重；反之，5、6 月份高温、降水适宜，玉米螟化蛹则提前，对玉米为害就减轻[19]。袁福香等对吉林省一代玉米螟发生的气象条件适宜程度划分了预报等级，将影响玉米螟发生的气象因子相应地分为 5 个级别，1 级：气象条件有利于玉米螟大发生；2 级：气象条件有利于玉米螟中等偏重发生；3 级：气象条件有利于玉米螟中等发生；4 级：气象条件有利于玉米螟中等偏轻发生；5 级：气象条件不利于玉米螟发生[20]。杨耿斌认为一般雨水多、湿度大、长光照对越冬幼虫化蛹、羽化成虫及产卵极为有利。相对湿度为 90%以上，玉米螟幼虫孵化成活率超过 95%以上[21]。

亚洲玉米螟的发生流行是多种因素共同作用的结果，其中气象因子是促进发生的外界因素，春季的气温、降雨直接关系到玉米螟老熟越冬幼虫的成活及化蛹。水分是影响越冬幼虫完成滞育发育的关键因子，在越冬幼虫复苏后至化蛹阶段只有满足其饮水需求，玉米螟才能解除滞育而化蛹[22]。幼虫的存活和化蛹率随幼虫饮水后体重的增加而增加，幼虫化蛹的早晚受温度和水分的综合影响。在相对湿度 20%～100%的环境中，越冬复苏后的亚洲玉米螟虫体重量均有所下降，不同湿度下虫体重量下降幅度差异明显[23]。低湿条件下虫体重量下降幅度明显大于高湿，湿度在 40%以下时虫体重量下降趋于稳定。复苏后玉米螟死亡率与湿度呈负相关。20%～40%低湿条件下玉米螟不能化蛹，80%湿度条件下，化蛹率为 4%；100%湿度条件下，化蛹率为 10%。持续干旱条件下，因降水减少、寄主叶片干枯和空气湿度降低，对亚洲玉米螟成虫水分摄入、产卵地、卵块和幼虫存活率均有较大影响，从而降低亚洲玉米螟种群数量。据报道，高湿环境下亚洲玉米螟成虫寿命、成虫交配次数、卵受精率和雌虫繁殖力显著高于低湿环境[24]。干旱对亚洲玉米螟种群影响较大，表现为受灾年份亚洲玉米螟种群数量降低，并可直接影响到第二年心叶期为害情况，但第二年玉米螟在穗期的为害达较重程度，第三年种群数量恢复至较高水平。洪涝灾害并未降低亚洲玉米螟种群，且存在促使亚洲玉米螟为害严重的可能性，受灾年份越冬种群数量较大，不能直接影响第二年亚洲玉米螟的发生情况[25]。降雨可以直接影响昆虫的数量变化，可通过影响空气的湿度和温度等，进而改变寄主植物和昆虫体内含水量，间接作用于昆虫。多数病虫害喜欢高温高湿环境，在降雨增多时候发生量会明显增多[24]。

玉米茎秆虫害率与茎中糖分含量呈显著正相关，相关系数为 $r=0.884$。老熟幼虫越冬基数直接关系到虫源的多少，不同品种、不同耕作方式，冬季温度与降雪量，均影响玉米螟老熟幼虫越冬。玉米苗期长势旺盛、叶片浓绿、叶形平展均有利于玉米螟发生。因影响因素复杂，亚洲玉米螟的准确预测预报一直是一个难题，气象灾害将增加测报的难度。随着气候变暖，未来农业气象灾害、病虫害会更加频繁，使农业生产的不稳定性加大，应予以积极应对[26]。玉米螟可为害玉米植株地上的各个部位，使受害部分丧失功能，幼虫为害植株心叶，钻入果穗咬断花丝影响授粉，蛀食籽粒，钻入雄穗的小花和穗颈、茎秆，蛀成孔洞，影响矿物质和光合产物的运输，且降低茎秆的韧性，使茎秆遇风容易折断[27]。玉米螟幼虫越冬地点主要为囤积的秸秆垛内和田间残茬[28]。越冬幼虫于第二年春季后进入化蛹阶段，蛹期710天。成虫寿命8～13天[22,28]，成虫羽化后24h即可进入性成熟期并开始交配产卵[29]。受精卵 3～5 天内即可完成孵化。幼虫孵化后立刻寻找并开始为害寄主植物体。

玉米螟主要以幼虫钻蛀为害。幼虫孵化后头为黑色，体呈白色，长 1mm 左右，聚集在一起静止不动，静止大约 1 小时后开始四处爬行，啃食附近卵壳或玉米叶的表皮，随后吐丝下垂，随风飘荡到附近玉米植株或地面，落在玉米上的即开始自叶鞘处或自喇叭筒内，钻入茎秆或雄穗为害。2 龄幼虫所咬植株才能明显表现症状，在雄穗未抽出前被害则影响雄穗抽出，或蛀入雄穗的茎秆内，可造成雄穗抽出后容易折断，影响授粉。玉米植株在抽出雄穗以前，如遭受玉米螟为害，则在新抽出的嫩叶上有一横排整齐的小孔，或不整齐排列的不规则小孔，且随着玉米生长而扩大，最后出现连排的孔隙导致叶片折断；在茎秆上亦有蛀孔，同时蛀孔附近伴随着黄色粪便与茎秆碎屑，幼虫钻入茎秆内取食为害，导致茎秆变脆弱，遇到大风天则全株折断，导致减产。在棉花上，低龄幼虫先蛀食顶尖，进而蛀食茎秆，导致棉花苗萎蔫、干枯，形成无头棉，大龄幼虫则多蛀食青铃，引起棉铃腐烂脱落，影响产量和品质。初孵幼虫的为害轨迹与为害玉米的轨迹大致相同，只是为害部位有所不同，为害棉花的幼虫多蛀食幼嫩棉铃[30]。玉米螟对玉米生长各时期为害特点如下：

（1）心叶期为害特点。低龄的幼虫在玉米心叶内啃食嫩叶，当被啃食的嫩叶展开后，叶片上形成不规则的半透明薄膜状排孔，呈"花叶"状，甚至一些被蛀食过的心叶无法继续生长，这也都会导致玉米在初期生长发育就不健康。蛀食严重的心叶则破碎，不能展开[31-33]。

（2）孕穗期为害特点。雄穗在抽出后，玉米螟虫幼虫会首先在玉米穗上部进行啃食，并逐渐进入大玉米穗内部，啃食玉米穗髓部组织，蛀孔处遇风易折断，对产量影响很大。玉米螟将破坏玉米的髓部组织，受害玉米营养及水分输导受阻，营养传输不到穗部，穗部发育不良，导致玉米花叶长势衰弱，折秆，形成早枯，影响结实[31-33]。

（3）抽丝灌浆期为害特征。抽丝灌浆期，玉米螟蛀食花丝内部，导致雌穗内部的花丝断裂，影响灌浆。抽穗后，蛀食果实，啃咬玉米粒，为害玉米籽粒，使果粒破损变质发霉，严重影响千粒质量，果粒出现发瘪、发烂现象，甚至缺失，这个时期为害最严重，玉米产量大大下降[31-33]。

1.4 玉米螟的生活史与习性

亚洲玉米螟在我国的分布区跨越的维度很大,其地理环境差异也较大,属于典型的兼性滞育昆虫,在不同地理分布区发生的代数不同,低纬度低海拔地区发生的世代数多,据报道,我国自北向南一年可发生 1~7 代[34]。黑龙江北部和吉林长白山地区多发生 1 代[35];吉林、辽宁、山西北部、新疆、宁夏、内蒙古、河北秦皇岛地区以及云贵川三省海拔较高的山地,多发生 2 代[35-37];河北中南部、山西南部、河南、山东、安徽、江苏、陕西、四川及湖南大部分地区多发生 3 代;浙江和江西大部分地区以及湖南和湖北部分地区,多发生 4 代;两广地区多发生 5~6 代,海南可发生 6~7 代。在同一省内,由于纬度和地势不同,发生代数也有明显差异[38]。

1970 年,Mutuura 和 Munroe 博士研究野秆螟属中的欧洲玉米螟及其近缘种的形态与分布得出亚洲玉米螟分布在亚洲东部和澳洲,而欧洲玉米螟大量分布在欧洲、北非、西亚和北美的结论[39]。关于亚洲玉米螟与欧洲玉米螟在国内的分布则更为复杂,我国科研人员在 20 世纪 70 年代初就对我国玉米螟及其近缘种进行了大量的调查研究,通过使用 Roelof 博士赠送的人工合成的欧洲玉米螟性诱剂与美国 J. A. Klun 博士合作研究,用一种亚洲玉米螟和三种欧洲玉米螟的不同配比的性诱剂作了田间诱捕实验[13],以及通过调查研究亚洲玉米螟与欧洲玉米螟的外部特征[4],最终得出我国亚洲玉米螟与欧洲玉米螟的分布。其中,亚洲玉米螟主要分布在我国东部由黑龙江至广东的广大地区,欧洲玉米螟则主要分布在新疆。在东西交接的内蒙古、宁夏和河北等地为欧洲玉米螟、亚洲玉米螟混生区,但在混生区内欧洲玉米螟并不为害玉米[40]。河北的张家口、内蒙古的呼和浩特及宁夏的永宁等地区欧洲玉米螟与亚洲玉米螟混合发生,但在混生地区内欧洲玉米螟主要寄生在杂草上[4]。

亚洲玉米螟在各地主要以末代老熟幼虫在玉米茎秆内,也有部分在穗轴或根茬内越冬。北方各世代区发生情况见表 1-1。

表 1-1　我国北方部分不同世代区亚洲玉米螟各虫态发生期[38]

世代区	地区名称	虫态	越冬代始盛末			第1代始盛末			第2代始盛末			第3代始盛末		
1	吉林省通化	卵				7/上	7/下	8/上						
		幼虫	6/中①	6/中	7/上	7/上	7/下	8/上						
		蛹		6/下	7/上	7/中								
		成虫		6/中	7/上	7/中								
	吉林省公主岭	卵				6/中	7/上	7/下	9/上	9/中				
		幼虫	6/上	6/中	7/上	6/下	7/中	8/中	9/上	9/中				
		蛹	6/中	6/中	7/上	7/末②	8/中	8/下	8/中	9/中				
		成虫	6/中	7/上	7/中	7/末	8/下	9/中	8/下	9/中				
2	陕西省西安	卵				6/上	7/上	7/上	7/中	8/中	8/下	9/中		
		幼虫				6/中	7/中	8/下	8/上	8/中	9/上	9/中		
		蛹		5/下	7/上	7/下	8/下	8/下	8/下	9/中				
		成虫		5/下	7/中	8/上	8/下	8/下	8/下					
	北京市	卵		5/上	7/上	5/末	7/上	7/中	7/中	8/上	8/中	9/中		
		幼虫	5/上	5/末	7/中	6/中	7/上	7/中	8/上	8/中	8/中	9/中		
		蛹	5/下	6/上	7/中	6/末	7/中	8/中	8/上	8/中	8/下			
		成虫	5/下	6/下	7/中	7/上	7/末	8/中	8/中	8/下				
3	山东省烟台	卵		5/中	7/上	6/中	7/上	7/中	7/中	8/中	8/中	9/上	越冬	
		幼虫	5/中	6/上	7/中	6/中	7/中	8/中	8/中	8/下	9/上	越冬		
		蛹	5/中	6/下	7/中	8/中	8/中	8/中	8/下	8/中	9/中	8/下		
		成虫	5/下	6/下	7/下	7/中	8/上	8/中	8/下	8/中	9/中	8/下	越冬	
	河南省郑州	卵		5/上	6/中	5/上	6/上	6/中	6/中	7/中	7/下	8/中	9/上	
		幼虫	5/上	5/中	6/上	5/下	6/中	7/上	7/上	7/中	8/中	8/中	越冬	
		蛹	5/上	5/下	6/中	6/中	6/下	7/中	7/下	7/下	8/上	8/中		
		成虫	5/中	6/上	6/中	7/中	7/下	8/上	7/下	8/中	9/上			

① 指月/旬。
② 指月末期。

　　这里将以越冬幼虫、成虫、卵、幼虫的次序研究亚洲玉米螟的生活习性。

　　（1）越冬幼虫　越冬幼虫大多以末期老熟幼虫虫态在为害寄主中或者寄主附近的杂草或其他在寄主附近便于潜藏保温的地方越冬。玉米螟越冬时期的长短与第二年春天气温高低有关，如遇到春天气温较高，湿度合适，就可以提前化蛹，同时因为部分地区玉米田内地温的增高，也会引起玉米螟提前化蛹。立春时期气温回升后，越冬幼虫开始从滞育中缓慢苏醒，开始从越冬场所向外移动，移动幼虫约占越冬幼虫的60%，以寻求水分接触，同时准备开始化蛹[41]。玉米螟化蛹多在受害的植株茎内，个别爬出植株外化蛹。幼虫化蛹前多在原蛀入孔的上方重新咬出孔洞，蛹在玉米茎中倒置，悬于虫孔上方。刚形成时蛹为乳白色，表皮十分脆弱，表皮可在半天内发生硬化，颜色也逐渐变为黄褐色至黑色，有些蛹呈现暗红色。在温度20℃±1℃的情况下，蛹期最长为14天，最短为6天，平均为11天[2,42]。化蛹前幼虫需要饮水，饮水后促进虫体重量增加、死亡率降低和化蛹率提高[43]，因饮水推迟而延长越冬幼虫滞育后发育历期，如果越冬幼虫无法满足饮水条件则无法进行化蛹，这一条件是防治与预测玉米螟关键的因素[22]。玉米螟越冬的场所主要为玉米茎秆，在玉米堆旁腐朽的木材和竹筒内发现有越冬幼虫[2]，可能是从玉米堆中爬去藏匿的越冬幼虫。如果农民在玉米收获后保留秸秆用以烧火或生活，或遗留收获后玉米地内未捡走的玉米穗轴，甚至玉米田中的土块都会成为幼虫进行越冬的场所，这就给生产上消灭越冬幼虫带来了困难。

　　（2）成虫　玉米螟成虫多在晚上羽化，每日19～22时为羽化高峰[2]。一般雄蛾比雌蛾更早孵化，成虫羽化后昼伏夜出，白天多在玉米田附近的小麦、大豆及棉花等寄主植物或杂草地栖息隐蔽[44,45]，于日落后到午夜开始飞入玉米田内活动，找寻配偶或适当位置进行产卵。成虫羽化后即可进行交尾，大部分当天即可产卵，交尾时间一般在凌晨3～4点。成虫对产卵的环境、寄主种类与状态都有着明显的选择性，一般成虫会在生长茂密、颜色浓绿的作物上产卵，其次会在湿度环境大的地方，如水洼地或湿洼地寄主上产卵，而株高不足35～40cm的寄主植物很少会有成虫产卵。一般雌蛾产卵后的寿命只有 8～9 天，雄虫则更短，仅有 5～6 天。

亚洲玉米螟成虫具有较强的飞行能力，在自然条件下仍属于扩散飞行昆虫，并不表现典型的昆虫远距离迁飞行为，但在某些特定的情况下会进行远距离的扩散飞行[46-49]。如江苏省棉田玉米螟受到盛行东南风带和隔离带无适合寄主的影响，成虫在扩散过程中会远距离飞行超过华北地区[50]。同时针对迁飞能力的研究发现，人工饲养的亚洲玉米螟成虫飞行能力与同种野生种群的飞翔能力没有显著差异；成虫飞行的能量来源于幼虫时期营养的积累，导致取食不同寄主植物的亚洲玉米螟飞行能力差异明显[47]。

（3）卵　卵块一般产于植株中上部，玉米叶叶背的中脉处，且在叶基三分之一以上，叶面及茎秆上发现较少。每个卵块少则 3～4 粒，多则高达几十粒，有些身体强壮的雌成虫可产高达上百粒卵，卵块呈鱼鳞状排列，表面呈网状纹，同时生有鳞毛，白色而有金属光泽。卵刚产出时乳白色，在发育过程中，卵色逐渐变黄，卵的历期因温度不同而各异，第一代卵一般为 5～6 天，第二代或第三代卵期较短，一般为 3～4 天。卵块即将孵化时，能看到其中幼虫黑色的头壳，称之为"黑头"。

（4）幼虫　亚洲玉米螟卵的孵化时间一般集中在上午，幼虫孵化后先呈放射状群集在卵壳附近，同时取食卵壳作为第一次营养摄入，孵化约一小时后开始分散爬行或到达叶面边缘吐丝下垂，随风飘荡到其他植株上，寻找合适的位置进行啮食发育。初孵化幼虫有趋糖、趋触、趋湿和负趋光性，所以会集中在玉米植株高糖、潮湿、便于隐藏的幼嫩组织，便于蛀食潜藏[51]，一般扩散半径不超出 3 株玉米，此时幼虫虫体很脆弱，容易受到环境或者其他因素伤害，因此初孵幼虫死亡率高达 80%[52]。一般亚洲玉米螟幼虫会经历 5 个龄期，但有研究表明取食不同种类的寄主作物，玉米螟幼虫的体重、发育速度、世代历期都有显著差异[53,54]，以取食甜玉米的幼虫存活率、蛹重和产卵量最大，而取食棉花的幼虫历期明显延长，虫龄增加至 6 龄[55]。

在玉米心叶期，初孵化幼虫大多在心叶内为害。取食未展开的心叶叶肉，残留表皮，或将心叶蛀穿，到心叶伸展后，叶面呈现半透明斑点，孔洞呈横列排列，称为"花叶或连珠孔"[56]。玉米茎秆作为玉米螟啃食破坏的重灾部位，根据其不同的生长阶段其所造成的危害性也不同。至雄穗打苞时，3龄幼虫大多集中在苞内为害幼嫩雄穗。抽穗后，4龄幼虫先潜入未散开的雄穗中为害，而到雄穗散开扬花时，则向下转移开始蛀茎为害。一般在雄穗出现前，幼虫大多蛀入雄穗柄内，造成折雄，或蛀入雌穗以上节内。至玉米抽丝时，原在雄穗上一些较小的幼虫，大多自雌穗节及上下茎节蛀入，严重破坏养分输送和影响雌穗的发育，甚至遇风会折茎导致减产，尤以穗下折茎影响产量最重。同时幼虫期的玉米螟对叶片有着极强的破坏能力，使植物的整体光合作用效率大大降低；不仅如此，由于农作物雌穗被破坏，因此其授粉能力也受到了极为严重的影响；尤其是幼虫侵入雌穗后，更使得农作物的发育受到不良影响，比如玉米，会出现空粒较多的现象，其产粮量较健康玉米有明显降低。

在谷子苗期初孵幼虫潜入心叶叶隙时，1龄幼虫大多在心叶取食叶肉，残留表皮，次之为下部已开张的叶鞘间隙和根际，分别取食叶鞘内侧组织和靠近地面刚刚出生的气生根；2龄幼虫开始自心叶向下部叶鞘间隙和根际转移，此时根际幼虫日趋增多；3~4龄栖生于根际的幼虫又转移至上部叶鞘间隙，并陆续蛀茎为害，蛀孔多位于距地表5~10cm处。苗期幼虫有明显的转株为害习性。玉米螟为害谷子的时期多在谷子抽穗期或抽穗后，影响产量和品质，2龄幼虫主要集中在谷穗穗码间，尤以穗基部的穗码间虫量最多，少部分栖生于根际和下部叶鞘间隙；3龄幼虫主要集中于上、中部叶鞘间隙；4~5龄后陆续蛀茎为害，但蛀茎节位明显比苗期高，多自中部茎节蛀入，在此时受害，常使谷穗灌浆不满，遇风易折。

高粱整个苗期都被玉米螟不同龄期幼虫所为害[57,58]，以孕穗期至开花期这一时段发生尤为严重，高粱含糖量较其他作物更高，导致更易于趋糖幼虫的生长发育，使得玉米螟幼虫存活力提高，越冬能力提高，所造成的为害更大。高粱穗型越紧凑，玉米螟对其穗部为害程度越重。紧凑型的穗型为玉米螟幼虫提供了良好的躲避场所，利于取食幼嫩籽粒，玉米螟幼虫未钻蛀为害前，常常潜伏在紧凑型穗内部，取食高粱籽粒，排泄物藏于高粱穗中，田间湿度大时常常导致高粱穗发生腐烂，造成产量损失，并且严重影响高粱品质。玉米螟对矮高粱植株茎秆的穗节为害严重，主要是因为穗节的节间锤度较高，易受玉米螟取食和产生隧道[59]。

在棉花上，玉米螟的卵孵化后便从植株的幼嫩叶、叶背取食叶肉造成"窗户纸"状花叶或食穿叶片成针孔，之后从幼嫩分叉或者叶腋间蛀入嫩头或上部叶片的叶柄基部和果枝，使嫩头和叶片凋萎下垂或折断。叶片枯死后幼虫转向主茎蛀食，使蛀孔以上的枝叶逐渐枯萎，遇风常引起折茎。幼虫还可吐丝下垂，跟随风的吹动转移为害[60]。玉米螟以第 1 代盛末期幼虫为害早播棉，第 2 代初孵幼虫一般都有向上爬的趋势，部分到叶尖后吐丝下垂，随风转移到其他株上取食为害。1～2 代幼虫啃食叶肉及蛀食嫩尖，3～4 龄幼虫蛀入叶柄、茎或棉株顶部 2～3 节处，一般不转移，在棉秆中蛀食为害至化蛹。第 3 代初孵幼虫啃食花瓣或成铃的萼片与苞片，4 龄后蛀铃，因此时茎秆组织硬化，很少有幼虫蛀茎。幼铃被蛀脱落，大棉铃被害虽不脱落，但铃内纤维多被蛀食，同时蛀孔外有大量虫粪，常招致病菌侵入，引起烂铃。

参考文献

[1] 杨慧中, 涂小云, 夏勤雯. 亚洲玉米螟生物学特性的研究. 江西农业大学学报, 2014, 36(1): 91-96.

[2] 锺觉民. 玉米钻心虫的研究. 昆虫学报, 1959(6): 528-539.

[3] 李伟华, 高芬. 我国玉米螟及其已知近缘种的识别. 植物保护, 1983(6): 14-15.

[4] 李伟华, 刘宝兰. 我国玉米螟及其近缘种调查研究. 植物保护, 1980(3): 1-6.

[5] 李文德, 王秀珍. 玉米螟与寄主植物的关系. 植物保护, 1981(1): 10-11.

[6] 徐建亚. 春玉米不同栽培方式对亚洲玉米螟的影响. 安徽农业科学, 2003, 31(3): 356-357+359.

[7] 李文德, 陈素馨, 秦建国. 亚洲玉米螟与欧洲玉米螟混生区的研究. 昆虫知识, 2003, 40(1):

31-35.

[8] 咸洪泉, 刘杰贤, 李亚华, 等. 亚洲玉米螟危害甜菜研究初报. 中国甜菜糖业, 1995(1): 2.

[9] 张牧海. 麦田玉米螟产卵与幼虫为害习性的观察. 昆虫知识, 1990(2): 84-85.

[10] 王丽娜, 王殿奎. 大麻田中玉米螟的危害及防治技术. 黑龙江农业科学, 2008(6): 70-71.

[11] 努尔比亚·托木尔, 王登元, 吴赵平. 苏丹草诱集带对玉米田亚洲玉米螟的诱集效应. 新疆农业科学, 2010, 47(10): 2017-2022.

[12] 姜仲雪, 孟祥锋. 秆野螟属 (Ostrinia) 五种近缘种的同工酶及其在分类上的应用研究. 河南农业大学学报, 1994(1): 1-7.

[13] 姜仲雪, 朱墉, 金瑞华. 利用性诱剂鉴定我国玉米螟种及其分布的研究. 河南农学院学报, 1981(3): 43-47.

[14] 刘宏伟, 鲁新, 李丽娟. 我国亚洲玉米螟的防治现状及展望. 玉米科学, 2005(S1): 142-143+147.

[15] 李明, 董礼华. 玉米螟的发生危害及综合防治对策. 杂粮作物, 2009, 29: 141-142.

[16] Afidchao M M, Musters C J, de Snoo G R. Asian corn borer (ACB) and non-ACB pests in GM corn (Zea mays L.) in the Philippines. Pest Manag Sci, 2013, 69(7): 792-801.

[17] 李红, 崔巍, 赵李天. 玉米螟主要发生期的预测预报. 黑龙江气象, 2005, 1(13): 27-28+31.

[18] 鲁新. 吉林省亚洲玉米螟的发生规律. 植物保护学报, 2005, 32(3): 241-245.

[19] 李静秋. 玉米螟化蛹与气象条件关系的分析. 黑龙江气象, 2004: 20-21.

[20] 袁福香. 吉林省一代玉米螟发生的气象条件适宜程度等级预报. 中国农业气象, 2008: 477-480.

[21] 杨耿斌. 黑龙江省玉米螟发生规律及防治措施. 农业科技通讯, 2009(8): 141-143.

[22] 文丽萍. 亚洲玉米螟越冬幼虫存活和滞育解除与水分摄入的关系. 昆虫学报, 2000(S1): 137-142.

[23] 冯从经. 低温处理对亚洲玉米螟幼虫抗寒性的诱导效应. 昆虫学报, 2007: 1-6.

[24] 史晓利, 王红, 杨益众. 环境胁迫对亚洲玉米螟及其主要寄生性天敌的影响. 玉米科学, 2006: 137-140.

[25] 张柱亭. 亚洲玉米螟对气候变暖的响应及其对温度胁迫的适应机制研究. 沈阳: 沈阳农业大学, 2013.

[26] 李祎君. 气候变化对中国农业气象灾害与病虫害的影响. 农业工程学报, 2010, 26: 263-271.

[27] 张玉花. 玉米田主要病虫害危害症状与防治措施. 现代农业科技, 2013(1): 132+134.

[28] 鲁新, 周大荣. 相对湿度对复苏后亚洲玉米螟越冬代幼虫存活及化蛹的影响. 植物保护21世纪展望暨第三届全国青年植物保护科技工作者学术研讨会, 1998.

[29] 钱仁贵. 玉米螟卵巢解剖及应用初报. 昆虫知识, 1982(5): 15-17.

[30] 冯殿英, 高志民, 肖振山. 棉田玉米螟生物学特性观察. 中国棉花, 1987(2): 43-44.

[31] 赵国庆, 杨淑广. 玉米螟的危害和防控. 农业知识, 2021(13): 11-12.

[32] 暴庆刚. 玉米螟虫危害特点及其防治方法. 农业与技术, 2017, 37(14): 22.

[33] 刘颖. 玉米螟危害特点及其防治方法. 中国农业信息, 2016(13): 99.

[34] 张乃鑫, 姜元振, 谌有光. 中国主要害虫综合防治. 北京: 科学出版社, 1979.

[35] 岳宗岱. 吉林省玉米螟发生动态及预测研究初报. 病虫测报, 1987(1): 52.

[36] 梁虎军, 陈婧, 刘容, 等. 阿拉尔地区青贮玉米田棉铃虫和亚洲玉米螟发生动态监测. 中国植保导刊, 2017, 37(7): 42-45.

[37] 余金咏. 亚洲玉米螟的种群动态及危害. 河北科技师范学院学报, 2010, 24(3): 75-80.

[38] 洪晓月, 丁锦华. 农业昆虫学 (第二版). 北京: 中国农业出版社, 2007.

[39] Mutuura A, Munroe E. Taxonomy and distribution of the European corn borer and allied species: genus *Ostrinia* (Lepidoptera: Pyralidae). The Memoirs of the Entomological Society of Canada, 1970, 102(S71): 1-112.

[40] 周大荣, 王蕴生, 李文德. 我国玉米螟优势种的研究. 植物保护学报, 1988(3): 145-152.

[41] 贾乃新, 杨桂华, 李绵春. 越冬代玉米螟化蛹前在玉米垛内的活动和化蛹部位. 吉林农业科学, 1987(2): 31-32.

[42] 白城地区农业科学研究所. 白城地区玉米螟生活习性及其防治的初步研究. 吉林农业科学, 1960(3): 35-37.

[43] 鲁新, 周大荣. 水分对复苏后亚洲玉米螟越冬代幼虫化蛹的影响. 植物保护学报, 1998(3): 213-217.

[44] 李璧铣, 高书兰, 刘勇. 玉米螟越冬代成虫的行为及分布研究. 河北农学报, 1985, 10(3): 69-74.

[45] 王蕴生, 张荣. 玉米田外防治玉米螟的可能性. 植物保护, 1983(3): 35.

[46] 翟保平, 陈瑞鹿. 亚洲玉米螟飞翔能力的初步研究. 吉林农业科学, 1989(1): 40-46.

[47] 王振营. 亚洲玉米螟越冬代成虫扩散行为与迁飞可能性研究. 植物保护学报, 1994(1): 25-31.

[48] 王振营. 亚洲玉米螟一、二代成虫扩散规律研究. 植物保护学报, 1995(1): 7-11.

[49] 叶志华. 亚洲玉米螟幼虫期取食不同寄主植物对成虫飞翔能力的影响研究. 北京: 中国农业科学院, 1994.

[50] 戴志一. 亚洲玉米螟棉田为害型形成机理分析. 植物保护学报, 1997(1):7-12.

[51] 刘德钧. 玉米螟各代成虫高峰期统计预测. 上海农业学报, 1988(2): 65-70.

[52] 鲁新, 李建平, 忻亦芬. 亚洲玉米螟自然种群生命表的初步研究. 植物保护学报, 1993(4): 313-318.

[53] 杜益栽，杨顾新，王影. 不同饲料对玉米螟生长发育的影响. 昆虫知识，1985(4): 154-155.

[54] 谢为民，王蕴生，杨桂华. 取食玉米植株不同部位对玉米螟幼虫成活和发育的影响. 植物保护，1989(4): 16-18.

[55] 吕仲贤，杨樟法，胡萃. 寄主植物对亚洲玉米螟取食、生长发育和生殖的影响. 植物保护学报，1996(2): 126-130.

[56] 麦玉强. 玉米螟发生特点及综合防治措施. 现代农业科技，2012(1): 184-186.

[57] 王连霞. 释放不同种类赤眼蜂对亚洲玉米螟的防治效果比较. 应用昆虫学报，2019，56(2): 214-219.

[58] 张海燕. 黑龙江省中西部亚洲玉米螟的发生规律. 黑龙江农业科学，2013(7): 52-54.

[59] 罗峰. 甜高粱玉米螟虫害调查及防治技术研究. 山西农业科学，2013，41(2): 175-177+187.

[60] 贾登三，刘德胜. 抗虫棉应注意防治玉米螟. 中国棉花，2005(9): 39.

第2章
亚洲玉米螟的发生与为害

2.1　玉米螟的寄主植物与为害

秆野螟属（*Ostrinia*）昆虫在全世界范围内共记录有 21 个种，其中我国记录有 16 个种。该属的昆虫大多数是农业上的害虫，对农业生产造成了巨大经济损失。这些近缘种幼虫形态极为相似，有些种类的成虫仅从形态上难以辨别。即使能确定在植物上的卵或幼虫是亚洲玉米螟，但也不能判断该种植物是亚洲玉米螟的寄主。寄主植物的确定必须满足 2 个条件之一：一个是昆虫幼虫能够在该活体植物上取食并发育至成虫（或化蛹），另一个是在田间采到取食该种植物的幼虫发育成的蛹，并证明其成虫能繁殖后代。另外，吴坤君等提出在某种植物上采到昆虫的卵或幼虫，如果在室内用该种植物的离体组织能够将昆虫饲养至成虫则认为该植物为此昆虫的寄主[1]。

2.1.1　亚洲玉米螟的寄主植物

亚洲玉米螟是我国玉米生产上的重要害虫，严重影响玉米产量和质量。除在新疆伊宁地区为害玉米的害虫主要为欧洲玉米螟外，在我国其他地区均以亚洲玉米螟为优势种。亚洲玉米螟的食性范围很广，属于杂食性害虫，善钻蛀、取食隐蔽，除为害玉米外，还为害多种作物和杂草，对作物生长的破坏性极大。李文德和王秀珍于 1981 年报道称我国玉米螟寄主植物有 69 种，其中以玉米（*Zea mays*）、苍耳（*Xanthium strumarium*）、葎草（*Humulus scandens*）、酸模叶蓼（*Persicaria lapathifolia*）和金盏银盘（*Bidens biternata*）等受害最重。研究者在台湾中部地区发现亚洲玉米螟也为害豇豆（*Vigna unguiculata*）、菜豆（*Phaseolus vulgaris*）等豆类蔬菜，以及小麦（*Triticum aestivum*），还有报道称玉米螟为害大麻（*Cannabis sativa*）、苏丹草（*Sorghum sudanense*）等。总结起来，玉米螟的主要寄主植物有玉米、高粱、谷子、小麦、水稻、小米、棉花、马铃薯、甘蔗、向日葵、蓖麻、白菜、蚕豆、荚豆、菜豆、生姜、苍耳和大麻等 200 多种作物[2-7]。亚洲玉米螟的寄主植物总结如表 2-1。

表 2-1 亚洲玉米螟的寄主植物[6]

编码	科	寄主植物种类
1	菊科（Asteraceae）	苍耳（*Xanthium strumarium* L.）、艾（*Artemisia argyi* Lévl. et Van.）、蒌蒿（*Artemisia selengensis* Turcz. ex Bess.）、猪毛蒿（*Artemisia scoparia* Waldst. et Kit.）、飞廉（*Carduus nutans* L.）、柳叶蒿（*Artemisia integrifolia* L.）、丝路蓟（*Cirsium arvense* L. Sco.）、长裂苦苣菜（*Sonchus brachyotus* DC.）、栉叶蒿 [*Neopallasia pectinata* (Pallas) Poljakov]、菊花 [*Chrysanthemum morifolium* (Ramat.)]、金盏银盘 [*Bidens biternata* (Lour.) Merr. et Sherff]、向日葵（*Helianthus annuus* L.）、狼把草（*Bidens tripartita* L.）、碱菀（金盏菜）（*Tripolium pannonicum*）、刺儿菜（*Cirsium arvense* var. *integrifolium*）、三裂叶豚草（*Ambrosia trifida* L.）、黄花蒿（*Artemisia annua* L.）、豚草（*Ambrosia artemisiifolia* L.）
2	苋科（Amaranthaceae）	皱果苋（*Amaranthus viridis* L.）
3	锦葵科（Malvaceae）	蜀葵（*Alcea rosea* Linn.）、苘麻（*Abutilon theophrasti* Medicus）、草棉（*Gossypium herbaceum* L.）
4	大戟科（Euphorbiaceae）	蓖麻（*Ricinus communis* L.）
5	豆科（Fabaceae）	豌豆（*Pisum sativum* L.）、赤豆 [*Vigna angularis* (Willd.) Ohwi et Ohashi]、绿豆 [*Vigna radiata* (Linn.) Wilczek]、大豆 [*Glycine max* (L.) Merr.]、蚕豆（*Vicia faba*）、菜豆（四季豆）（*Phaseolus vulgaris* L.）、豇豆 [*Vigna unguiculata* (Linn.) Walp.]

续表

编码	科	寄主植物种类
6	禾本科（Poaceae）	小麦（*Triticum aestivum* L.）、稗 [*Echinochloa crus-galli* (L.) P. Beauv.]、狗尾草 [*Setaria viridis* (L.) Beauv.]、白茅 [*Imperata cylindrica* (Linn.) Beauv.]、薏苡（*Coix lacryma-jobi* L.）、燕麦（*Avena sativa* L.）、玉米（*Zea mays* L.）、高粱 [*Sorghum bicolor* (L.) Moench]、谷子（*Setaria italica* L.）、稷（*Panicum miliaceum* L.）、稻（*Oryza sativa* L.）、苏丹草（*Sorghum sudanense*）、甘蔗（*Saccharum officinarum* L.）、芦苇 [*Phragmites australis* (Cav.) Trin. ex Steud.]
7	西番莲科（Passifloraceae）	西番莲 （*Passiflora caerulea* L.）
8	蓼科（Polygonaceae）	荞麦（*Fagopyrum esculentum* Moench）、巴天酸模（*Rumex patientia* L.）、酸模叶蓼（*Persicaria lapathifolia* L.）
9	藜科（Chenopodiaceae）	灰菜（*Chenopodium album* L.）、甜菜（*Beta vulgaris* L.）
10	芍药科（Paeoniaceae）	芍药（*Paeonia lactiflora* Pall.）
11	大麻科（Cannabaceae）	葎草 [*Humulus scandens* (Lour.) Merr.]、大麻（*Cannabis sativa* L.）、啤酒花（*Humulus lupulus* L.）
12	姜科（Zingiberaceae）	生姜（*Zingiber officinale* Roscoe）
13	蔷薇科（Rosaceae）	苹果（*Malus pumila* Mill.）
14	芸香科（Rutaceae）	柚 [*Citrus maxima* (Burm.) Merr.]、香橼（*Citrus medica* L.）
15	杨柳科（Salicaceae）	意大利214杨（*Populus* × *canadensis* 'I-214'）
16	茄科（Solanaceae）	辣椒（*Capsicum annuum* L.）、茄（*Solanum melongena* L.）、番茄（*Solanum lycopersicum* L.）、甜椒（*Capsicum annuum* L. var. *grossum* Willd. Sendtn.）、马铃薯（*Solanum tuberosum* L.）
17	葫芦科（Cucurbitaceae）	黄瓜（*Cucumis sativus* L.）、甜瓜（*Cucumis melo* L.）

不同地区玉米螟对寄主植物为害程度不同，同时，一代玉米螟和二代玉米螟对寄主的选择性差异较大[5]，且不同代次的亚洲玉米螟在不同作物上可转移为害，对于亚洲玉米螟的发育进度也有不同的影响[8]。长期的地理隔离和寄主专化性选择是种群遗传多样性发生改变的主要因素。亚洲玉米螟的迁飞能力较强，且可以随气流进行远距离迁飞，环境因子的不对称性可能导致不同生态区的地理种群之间的基因交流水平及种群的遗传结构存在差异[9]。目前虽有根据遗传分化的分子特性对亚洲玉米螟地理种群进行遗传变异分析的相关研究，但由亚洲玉米螟对田间不同寄主的取食选择性而导致的后代遗传分化差异方面尚

没有明确报道。有研究表明，亚洲玉米螟对不同寄主植物具有取食选择性，且取食不同寄主植物后的亚洲玉米螟个体整个生育期发生变化[10]。杨哲等对采自田间玉米等寄主的亚洲玉米螟越冬幼虫在其复苏后分别饲喂其对应的寄主植物，羽化后经形态学鉴定为亚洲玉米螟后，提取其成虫线粒体 DNA 进行遗传多样性分析，表明来自不同寄主植物的亚洲玉米螟种群间的遗传多态性较高，基因交流频繁，遗传分化程度不明显[11]。

在棉花上，二代玉米螟的卵主要产在主茎上，三代玉米螟的卵主要产在果枝叶上[12]。一代和二代玉米螟幼虫主要取食棉花的花蕾，其中二代玉米螟在取食花蕾的同时开始表现出钻蛀，二代玉米螟幼虫主要在茎秆和棉铃中取食为害[12]。

2.1.2　寄主植物对亚洲玉米螟种群的影响

自然界中，植食性昆虫选择寄主的行为方式大致有两种：一种是依靠视觉和嗅觉来识别，发生定向反应或趋性，寻找合适的寄主栖居、取食或产卵，这个过程依靠嗅觉、视觉、触觉和味觉来完成[13]；另外一种是通过试探取食或产卵，确定这种植物是否适合其自身及后代的生长需要。这两种行为方式与昆虫的感觉及植物的理化性质有关，是昆虫在长久的共生中演化出的相互选择、适应和影响的关系[14]。昆虫取食和产卵所依赖的主要是植物体内的次生代谢物质——植物挥发物。植物的挥发物质由植物地上如叶、花、果实或地下如根等器官释放，是植物与昆虫之间最为重要的化学信息纽带。

植物的挥发物质属于次生性物质，包括烃、醇、醛、酮、有机酸等，植物都含有自身的挥发性物质，以一定的比例组成该种植物的挥发性化学物质指纹图。植物气味大致有两类：一类是特异性的气味组分，是有亲缘关系的植物中的特有化合物，具有高度特异性；另一类是一般性的气味组分，即绿叶气味组分，其特异性是由各组分特定的比例来调控的[13]。目前，已鉴定出的植物挥发性化合物有 1700 多种，包含超过 90 个科的植物。寄主植物的挥发物质对于昆虫的生境、寄主

选择、求偶、产卵、种群分布等行为具有重要的意义。前人研究验证
了植物挥发性化学物质在亚洲玉米螟寻找寄主产卵的过程中起到了至
关重要的作用，通过气相色谱-触角点位联用仪（GC-EAD）测定出玉
米螟对不同寄主的产卵偏好依次为玉米>酸模叶蓼>荏草>稗>苘麻[15]。
其中芳樟醇、α-荏草烯、桧烯等 9 种挥发性化学物质对亚洲玉米螟产
卵寄主的选择有重要作用[15]。此外一定浓度的壬醛和苯甲醛可显著抑
制玉米螟的产卵行为[16]。因此，通过将特异性混合物按照一定比例
引诱或驱避，确定不同化合物的浓度比例，借鉴不同化合物之间的
协同增效作用可以提升生产上对亚洲玉米螟种群的控制与管理，研
究这类植物的代谢物质对于害虫行为的调控具有重要的影响，可以
通过筛选生物活性化合物质，为亚洲玉米螟的综合治理提供有效的
生态防控方法[8,10,14]。

2.1.3　玉米螟为害对玉米产量的影响

玉米螟是全球玉米的主要害虫，每年会造成 600 万～900 万吨的
产量损失，严重阻碍了玉米作为主粮、饲料和工业产品原料的高质量
发展与高产量需求[17]。近年来，受玉米产业化种植、玉米品种、耕作
制度的改进以及全球气候变暖等因素影响，玉米螟的生存环境得到了
极大改善，种群数量显著上升[18,19]。亚洲玉米螟以幼虫钻蛀为害为主，
不仅取食寄主的嫩叶和花丝，还取食寄主植物的籽粒部位，导致玉米
受到严重破坏[20]。玉米螟发生时间长、为害面积大，在一般年份会导
致玉米减产 10%～30%[21]，严重年份会使玉米受害株率达 90%以上，
玉米螟的为害给我国的玉米产业造成重大影响，使得我国玉米产量和
质量下降严重，带来巨大的经济损失[22,23]。

在我国东北春玉米区的吉林和辽宁省的大部分地区亚洲玉米螟每
年发生两代，近年来，随着全球气候的变暖和玉米主栽品种的变化，
二代玉米螟的发生日趋严重，造成了巨大的经济损失。一代防治效果
很好，残虫量很少，二代玉米螟仍有可能大发生[24]。从斌等人研究发
现二代玉米螟发生轻重主要受田间湿度和天敌数量影响[19]。吴维均提

出玉米从乳熟到完熟阶段单株每增加 1 头玉米螟幼虫玉米产量损失 0.89%[25]。文丽萍等以蛀孔数为指标分析产量损失率，提出在两个不同抗性的品种上单株单孔造成的产量损失率平均在 3.06%～5.12%之间[26]。周淑香等研究报道随着单株虫孔数增加，玉米雌穗长度缩短，单株产量降低；随着隧道长度增加，玉米雌穗长度缩短，单株产量降低，株隧道长度每增加 10cm，玉米产量损失率平均增加 8.34%[27]。研究表明接卵量和玉米产量损失率呈正相关。此外，在两代幼虫蛀孔数接近时，一代幼虫危害对雌穗长度、穗粒数及产量的影响均显著比二代幼虫严重[28]。

2.1.4 玉米螟对玉米产量影响的经济阈值

玉米遭受螟害后产量的损失与螟虫侵入为害当时玉米的生育时期有密切的关系，邱式邦等提出在螟虫数量相同或接近的情况下，心叶期被害较穗期对产量的影响显著，每增加 1 头玉米螟幼虫产量损失心叶中期为 3.17%，穗期为 1.84%。一代卵主要落于玉米心叶期，一代幼虫蛀茎为害，破坏养分运输，影响雌穗发育和籽粒形成，产量损失严重[29]。研究者将一代玉米螟幼虫在每株上的为害数量以每株增加一头为计算单位，平均产量降低 2.65%，玉米螟蛀孔数与产量间呈直线或者曲线关系，其产量损失率与品种抗性有关。玉米螟幼虫对不同部位的为害，产量损失有很大差异。穗下、穗柄折损率最高，茎、果穗、穗柄是造成总产量损失的主要部位[30]。在单株虫孔和存虫量大体相同的情况下，一代多发生茎折，二代多蛀茎和为害果穗，所引起单株产量损失的差异是极显著的[31]。褚丽敏等指出生物农药的杀虫效果前期明显，但持效期较短[32]。比较玉米植株不同部位受害程度，雌穗受害率和百穗虫量显著大于茎秆被害率和百秆虫量；茎秆、雌穗同时受害时，雌穗受害对产量损失率的影响更大[33]。二代卵有 82%落在玉米授粉期以后，二代幼虫蛀茎时雌穗发育已定型，雌穗着生节以上的蛀孔明显多于雌穗以下茎节。只有少量二代幼虫在玉米灌浆初期为害，尚可减轻粒重，大多幼虫蛀茎或蛀雌穗已到乳熟后期，仅影响少量籽粒的完整度和品质，并不影响雌穗发育[28]。玉米受害时期对产量的影响远较同一时期不同虫量的影响明显。

玉米螟的卵量、心叶期幼虫密度、蛀孔数、玉米品种、玉米生育期等因素可直接影响玉米的产量[26,30,34-36]。关于玉米螟为害因素和玉米产量损失之间的关系模型，周淑香等报道产量损失率可以用对数模型进行预测[27]；李研学等指出产量损失率可用直线模型预测[37]，后来研究者发现产量损失率可以用二次曲线、直线、对数以及幂函数模型进行预测，但以直线模型拟合效果最好[38]。

2.2　全球玉米种植现状

玉米（*Zea mays* L.）起源于南美洲，作为全球最重要的一种粮食和饲料作物，在全世界超过 100 多个国家种植，且它与大米和小麦一起至少为 94 个发展中国家 45 亿多人提供 30%的食物热量来源，在世界谷物总产量中的比重超过小麦，是位居第一的主粮作物[39]。20 世纪 80 年代世界玉米总产量为 43945.8 万吨，90 年代达到 55171.2 万吨。世界主要的玉米生产国是美国和中国，两国的收获面积合计约占世界的 40.18%，而产量超过世界总产量的一半。2012 年，美国玉米的收获面积为 3536 万公顷，占世界玉米总收获面积的 20.21%，总产量为 2.74 亿吨，占世界总产量的 32.08%。中国玉米收获面积为 3495 万公顷，占世界玉米总收获面积的 19.97%，总产量为 2.08 亿吨，占世界总产量的 24.36%。目前，巴西已成为世界第三大玉米生产国，其玉米收获面积 1550 万公顷，产量为 7250 万吨[40]，其次是欧盟、阿根廷、墨西哥、印度，其中印度玉米收获面积的增长比较快，但其产量提高不多。

玉米的单产基本能体现出玉米的生产技术水平。美国玉米单产最高，为 7.75t/hm^2，是印度玉米单产的 3 倍。这说明不同国家的技术应用水平、生产管理水平存在很大的差异，发达国家的技术应用水平、生产管理水平都比较高，其玉米的单产也比较高[41]。近 10 年来，玉米总产量增加较快的国家主要有：中国，玉米总产量增长 58.6%；印度，增长 40.4%；墨西哥，增长 40.3%；巴西，增长 39.9%；阿根廷，增长 29.2%[42]。

基因技术作为生命科学领域的前沿技术，在农业方面赋予了作物更多优异的特性，在抗虫、抗病、抗胁迫、抗除草剂、高产和高营养价值等方面做出了贡献，大大提高了作物产量和品质。培育和生产优良品种是现代农业不可或缺的手段，也成为世界上应用最快的作物生物技术。在过去的二十年中，表达 Bt 毒素的转基因作物已被用于控制一系列农业害虫[43]。1996 年首例转基因玉米 Bt176 在美国开始广泛种植，高效防治了欧洲玉米螟的为害[44]。之后转基因玉米在全球逐渐被广泛种植，商业化以来累计种植 7.6 亿公顷。据国际农业生物技术应用服务组织（ISAAA）统计，1996～2018 年，全球转基因作物的种植面积从 70 万公顷扩大到 19170 万公顷，增加了约 273 倍，其中转基因玉米增加了 5890 万公顷，占到 31%。截至 2018 年，全球有 14 个国家种植了转基因玉米，分别是美国（3320 万公顷）、巴西（1630 万公顷）、阿根廷（大约 600 万公顷）、南非（大约 200 万公顷）、加拿大（160 万公顷）、菲律宾（87 万公顷）、巴拉圭（52 万公顷）、乌拉圭（12 万公顷）、西班牙（11 万公顷）、越南（92000 公顷）、哥伦比亚（88268 公顷）、洪都拉斯（37386 公顷）、智利（8016 公顷）和葡萄牙（4753 公顷）。2019 年，世界上转基因作物的五大种植国为美国、巴西、阿根廷、加拿大和印度，其中美国以 7150 万公顷的转基因作物种植面积位列全球第一[45]。转基因玉米的种植面积正呈逐年增加的趋势，1996 年的种植面积仅为 $3.0 \times 10^5 hm^2$，2018 年的种植面积已达 $5.89 \times 10^7 hm^2$，累计种植面积达到了 $7.5 \times 10^8 hm^2$，2019 年，种植面积比 2018 年增加 3%[46]。2015 年，越南首次种植复合性状转基因玉米，这加速了优质玉米的研发与应用步伐[47]。转基因玉米的应用率持续提高，1997 年为 10%，在 2012 年达到峰值，为 34.7%，2018 年回落至 29.9%[48]。到 2019 年，ISAAA 统计全球已有 32 种作物近 525 个转化体在全世界范围内种植，其中玉米的转化体最多，达到 238 种，占总转化体数量近一半，全球共种植转基因玉米 6090 万公顷[49]。

目前，日本、加拿大和韩国是审批通过转基因玉米安全证书最多的 3 个国家；日本和墨西哥是审批通过食用安全证书最多的 2 个国家[48]。印度唯一批准种植的转基因作物为转 Bt 抗虫棉。孟山都公司（Monsanto Company）的转基因耐旱玉米品种（DroughtGard™ MON 87460）中转入了来自枯草芽孢杆菌（*Bacillus subtilis*）的 *cspB* 基因，赋予转基因玉米耐旱的特性，自 2013 年首次在美国种植以来，2014 年的种植面积就增加到 27.5 万公顷，增加了 4.5 倍，在农民中反响强烈[50]。目前，生产上应用的抗虫转基因玉米，主要针对鳞翅目和鞘翅目两大类靶标害虫，前者包括玉米螟、黏虫、棉铃虫、草地贪夜蛾等全球性玉米害虫，后者主要是北美地区常见的玉米根际害虫，靶标害虫包括鳞翅目害虫、鞘翅目害虫，以及可同时抵御两类害虫侵害的转基因品系。批准进口的转基因玉米性状包括除草剂（草甘膦、草铵膦）耐性、抗虫（鳞翅目害虫、鞘翅目害虫）性、生理性状改良（水分利用效率）和品质改良（淀粉酶含量）4 类性状。针对目的基因而言，这些转基因玉米共涉及来源于 10 个苏云金芽孢杆菌（*Bacillus thuringiensis*，简称 Bt）的 Bt 基因[51]。

转基因作物抗虫基因家族主要集中于苏云金芽孢杆菌 Bt 蛋白及其重组蛋白，已发现 859 个 Cry 家族基因，40 个 Cyt 家族基因，177 个 Vip 家族抗虫基因[52,53]。已商业化的带有抗虫性状的 208 个转化体表达了 *Cry1Ab*、*Cry1Fa2*、*Cry1F*、*mCry3A*、*eCry3.1Ab*、*Cry2Ab2*、*Cry1A.105*、*Cry3Bb1*、*Vip3Aa20*、*Cry1Ac*、*Cry2Ae*、*moCry1F*、*Cry35Ab1*、*Cry1A*、*Vip3A(a)*、*Cry9c* 等基因，其中 *Cry1Ab*、*Cry1Fa2*、*Cry35Ab1* 基因应用最为广泛，分别在 84 个、82 个和 59 个转化体中表达。在商业化应用中 Cry 类基因相比 Vip 类基因应用较多，已商业化的转化事件中还没有表达 Cyt 类杀虫晶体蛋白基因（如 *Cyt1Aa*、*Cyt1Ab*、*Cyt1Ba*、*Cyt2Aa1*、*Cyt2Ba1*）的 Bt 玉米[53,54]。

转基因作物的商业化也创造了巨大的经济效益，截至 2015 年，全球种植转基因玉米累计创造了 1678 亿美元的经济效益。目前转基因玉米商业化性状主要是抗虫、耐除草剂、抗逆、产量性状改良、品质性状改良、杂种优势改良以及非生物胁迫耐性，其中，抗虫、耐除草剂性状是转基因玉米转化体数量最多、应用范围最广、种植面积最大的两类目标性状。在全球已获批的 244 个玉米转化体（包括单一转化体及 2 个或 2 个以上转化体回交转育的复合转化体）中，有 210 个含有抗虫性状、215 个含有耐除草剂性状，分别占 86% 和 88%，同时包含这 2 种性状的转化体有 192 个，占 79%，其中分别有 208 个和 209 个转化体包含上述商业化性状。对于 208 个含抗虫性状的转化事件，22 个为单一转化事件，57 个为两种转化事件通过常规育种途径复合到一起，68 个为三种转化事件复合到一起，61 个为四种以上转化事件复合到一起。其他商业化的性状还包括品质改良（14 个）、抗旱（7 个）、雄性不育（6 个）、高产（2 个）等[48,55]。值得注意的是，绝大多数转基因玉米的研发和商业化由跨国公司引领，研发转基因玉米最多的 5 家单位审批通过转基因玉米品种数量的总和占全球总量的 98%[48]。在国外，转基因玉米的种植应用的开展繁花似锦，具有各类优良特性的商品化品种也可从开放的市场中购买。

2.3　中国玉米种植现状

玉米与水稻、小麦共称为中国的"三大主粮"作物，在国民经济中占据重要位置。2021 年我国全年粮食总产量为 6.8 亿吨，其中稻谷产量为 2.1 亿吨，占我国粮食总产量的 31.17%，位列第二，仅次于玉米（产量 2.7 亿吨，所占比重 39.91%），高于小麦（产量 1.37 亿吨，所占比重 20.05%）[56]。就种植面积而言，2019 年我国的玉米播种面积就达到 4128.4 万公顷，但与排名第一的美国相比，每公顷单产仅为美国玉米产量的 50% 左右[56,57]。2008 年至 2022 年，玉米的单产增幅每年不过 1% 左右，增长速度缓慢。在种植面积上，根据国家统计局、WIND 机构公布的数据，1949 年以来，我国玉米生产得到了快速发展，全国玉米平均亩产水平由 1949 年的 64.10 公斤提升至目前的约 400 公斤（最高水平为 2013 年的 401.80 公斤）。改革开放后，我国玉米生产发展迅猛，经历了稳步增长阶段（1978～1989 年）、快速增长阶段

（1990～1998 年）、调整下降阶段（1999～2003 年）和恢复增长阶段（2004～2012 年）共 4 个阶段[58]。2002 年到 2015 年，玉米的种植面积呈增长态势，从最初的 2463.4 万公顷增加到最高峰 4496.8 万公顷，2004～2015 年我国玉米增产对粮食增产的贡献率近 60%，居粮食作物之首，玉米已成为我国 2004 年后粮食生产"十二连增"的主力军。2007年，我国玉米种植面积 2946 万公顷，首次超过水稻成为我国种植面积最大的作物；2011 年，玉米种植面积首次突破 5 亿亩，达到 3340 万公顷；2012 年，玉米总产量突破 2 亿吨，首次替代水稻成为我国种植面积和总产量双第一的名副其实的第一大粮食作物；2013 年，玉米种植面积进一步增加，达到 3613 万公顷，总产量达到 2.18 亿吨，平均亩产首次突破 400 公斤，达到 401.80 公斤[59]。2015 年，我国玉米生产又迎来一个丰收年，种植面积和总产量均再创历史新高，分别达到 3813 万公顷、2.25 亿吨，平均亩产达到 393.39 公斤，接近历史最高值，玉米总产量占全国粮食总产量的 36.14%。2015 年之后受种植政策的影响，玉米的种植面积呈现下降趋势，一直徘徊在 4100 万～4599 万公顷之间[56]。已知提高玉米种植面积势必会降低水稻和小麦的种植面积，为了维持我国耕地面积和种植品类之间的平衡，近年来，玉米种植的保障将在"科技兴农"理念的引导下，通过重视技术革新带来的品质保障、产量提升和栽培效率的提高以弥补种植规模不足的局面。2021 年国务院出台相关文件，明确提出淮海、东北 2 个玉米种植大区提高种植面积，2023 年达到 4419 万公顷，持续逼近 20 年来的最高位，这也从侧面反映出，中国玉米种植规模变化受到农业政策的较大影响[60]。中国农业科学院提出的"增粮科技行动计划"设定目标为：直至 2025 年力争玉米产量规模达到 2.87 亿吨、2030 年达到 3.22 亿吨。这是科技工作者秉承国家"藏粮于技"战略的重要实施举措，将为中国玉米产能提升和原材料自给提供扎实的粮食保障[56,61]。

虽然我国玉米生产自 2004 年开始恢复性增长，玉米种植面积和总产量持续增加，但平均单产水平一直徘徊在亩产 400 公斤左右，与美国相比，虽同处北半球、自然条件也有许多相似之处，但美国的玉米科研和生产水平全世界最高，产量、消费量和出口量最大，中国与其差距较大。美国玉米最高平均单产为 2014 年的 715.33 公斤/亩，是我国玉米最高平均单产（2013 年的 401.80 公斤/亩）的 1.78 倍；美国玉米最高单产纪录是 2015 年创造的 2187.53 公斤/亩，我国玉米最高单产纪录是 2013 年在新疆创造的 1511.74 公斤/亩，美国玉米最高单产纪录是我国的 1.45 倍[59]。与美国相比，我国的玉米生产在许多环节都存在着差距，尤其在通过生物育种技术手段实施的玉米种质创新、品种选育等方面差距更加明显。

在市场强劲需求和高价位拉动等多种因素的综合作用下我国玉米生产开始恢复性增长，且发展势头强劲。玉米的需求也发生了变化，从作为口粮的玉米籽粒磨粉，转化成以冷链为基础的鲜食玉米、水果玉米、甜糯玉米，以及深加工玉米零食等；其次是作为工业原料的饲料来源，包括畜牧业籽粒加工饲料、青储饲料、油料原料等。鉴于全世界动物饲料中 60%以上都是玉米，玉米也为畜牧业和养殖业提供了人民群众需求的"肉蛋奶"的重要基础支撑。现代工业中以玉米为原材料制造乙醇可有效减少汽油、柴油等作为原料产生的二氧化硫和二氧化碳等有害气体的排放。在如此庞大的应用体系下，玉米种植目前主要依靠品种改良、精准栽培、节水减肥丰产、机械化种植等举措来合理密植、提高病虫害防治效率，探索因地制宜的高产种植技术，使得玉米种植优化升级，保障在中国有限的土地上种植具有高产能、高品质的优质玉米。

我国玉米种植规模和地域十分广泛，不论是山川平原还是丘陵高原，玉米均可生长。作为世界第二大玉米生产国，我国玉米种植分为：①北方春播玉米区（黑龙江、吉林、辽宁、内蒙古、宁夏、河北、陕西北、山西大部及甘肃一部分）；②黄淮海夏播玉米区（山东、河南全部、河北、山西南部、陕西中部、江苏、安徽北）；③西南山地丘陵玉米区（四川、云南、贵州全部、广西西部、湖南、陕西南部）；④南方丘陵玉米区（广东、福建、浙江、上海、江西、台湾全部、江苏、安徽南部、广西、湖南、湖北东）；⑤西北内陆灌溉玉米区（新疆全部、甘肃河西走廊）；⑥青藏高原玉米区（青海、西藏全部）[62]。从我国各玉米种植区域来看，北方春播玉米区和黄淮平原春夏玉米区是我国重要玉米产区。从不同地区的种植面积上来看，黑龙江、吉林、山东、河南、内蒙古等地区是我国种植面积较大的五个区。这些地区在 2019 年播种面积占全国玉米种植面积的一半以上，其中黑龙江 587.5 万公顷，占全国玉米种植面积的 14.23%；吉林 422.0 万公顷，占 10.22%；山东 384.7 万公顷，占 9.32%；河南 380.1 万公顷，占 9.21%；内蒙古 377.6 万公顷，占 9.15%[56]。从产量的时空分布来看，2019 年，我国玉米产量主要分布在黑龙江（15.11%）、吉林（11.68%）、辽宁（7.23%）、内蒙古（10.44%）、山东（9.73%）、河南（8.62%）、河北（7.62%）、四川（4.07%）、山西（3.6%）、云南（3.53%），其他省份产量总占比 18.38%。2000～2019 年间，随着年份推进，我国玉米产量布局集中趋势明显，前十大主产区产量占比从 2000 年 74.86% 增加至 81.62%，尤其表现为向东北三省及内蒙古地区集中。2000～2019 年间，东北三省（黑龙江、吉林、辽宁）及内蒙古地区产量比重由 2000 年 27.97% 上升至 2019 年 44.46%，黄淮海地区（山东、河南、河北、江苏）产量比重由 2000 年 33.36% 下降至 2019 年 25.97%，东北地区反超黄淮海地区成为当前我国玉米第一大生产区域，黄淮海地区玉米生产比重虽然下降，但仍是我国玉米重要生产产区，西南、西北地区占比相对变动不大[59]。

2.3.1 北方春播玉米区

北方春播玉米区属寒温带、湿润-半湿润气候，范围自渤海岸起，经山海关沿长城顺太行山南下，经太岳山和吕梁山，至秦岭北麓的以北地区。以东北三省、内蒙古、宁夏为主，局部在山西、河北、陕西、甘肃，总产占全国的 40% 左右。该区冬季气温低，≥0℃的积温 2500～4100℃，≥10℃积温 2000～3600℃，无霜期 130～170d，夏季平均温度在 20～25℃，全年降水量 400～800mm，日照充足，对玉米生长发育极为有利，是中国主要玉米产区之一，玉米种植面积占全国玉米种植总面积的 30%，总产量占全国的 35% 左右。玉米种植在我国北方已经形成了气候，种植规模大、范围广。特别是在最近几年的现代化农业发展中，出现了一批大规模的玉米种植基地，并且相适应地产生了玉米经济体系。从种植栽培、收购运输到加工外销，已经基本实现了产业化运作，种植技术也得到了空前的发展[63]。

该区基本上为一年一熟制。玉米种子发芽的最低温度为8℃以上，因此种植5cm的深土层必须保持地上温度10～12℃ 3～5天以上才能播种，以提升出苗率。玉米种植方式有三种类型：一是玉米清种，占玉米面积的50%以上，分布在黑龙江、吉林、辽宁、内蒙古、陕西、甘肃、河北、山西的北部高寒地区。由于无霜期短，气温较低，玉米为单季种植，但玉米在轮作中发挥重要作用，通常与春小麦、高粱、谷子、大豆等作物轮作。这种情况在20世纪70年代以后发生了很大变化，由于玉米播种面积迅速增加，轮作倒茬已经很困难，因此发展成为玉米连作制。一种是大豆玉米间作，占本区面积的40%左右，是东北三省的主要种植形式，玉米大豆间作，充分利用两种作物形态和生理差异，合理搭配，提升了对光能和水分、土壤、空气资源的利用率，使得粮豆增产20%左右。最后一种是春小麦套种玉米，70年代后，在辽宁、甘肃、内蒙古部分以及山西北部、陕西北部土壤条件良好，水肥条件优越的地区逐渐形成春小麦套种玉米的种植方式，可增产20%～30%[64]。

北方春播玉米主要种植的玉米品种为马齿型玉米，多为中晚熟品种，千粒质量330～400g，淀粉含量较高，营养成分优良[62]。北方春播玉米区实际上包括东北和华北。东北地区需要耐低温且丰产性好的品种。东北地区基本上没有病毒病和小斑病流行，但有大斑病和丝黑穗病，有时还发生玉米螟为害，因此要求玉米品种对这些病虫害有抗性。根据1997年统计，东北地区种植的主要玉米杂交种有本玉9号、吉单159、四单19、中单2号、掖单19、丹玉13、掖单13和沈单7号等。华北地区春播玉米遭受严重的病毒病为害，此外还有茎腐病、大小斑病等，因此对品种要求更严格[29]。栽培的品种主要有掖单13、掖单12、掖单19、西玉3号、掖单2号、中单2号和烟单14等。近几年，吉林大部分地区、黑龙江主要积温带、山西北部主导品种，由过去国内主导品种转变为国外种子公司选育的系列品种，而内蒙古主产区则主栽郑单 958 等品种。权威数据表明，至 2010 年，黑龙江、吉林、山西第一大主推品种为先玉 335，主要搭配郑单 958、吉单 27、四单 19 等品种。郑单 958 是我国玉米种子市场的主推品种，在全国不同玉米生态区均有种植，其中在黄淮海夏播区占主导地位，是国家及各省玉米试验的对照品种，同时也是目前我国种植面积最大的玉米品种。先玉 335 是由美国杜邦先锋公司引入的品种，目前在我国东北春播区是主导品种，是国家及东北、华北春播玉米区玉米品种区域试验的对照品种，在黄淮海夏播区也有较大的种植面积，是我国推广面积第二大的品种。直至 2021 年，东北春玉米主推的品种有丹玉 311、丹玉 336、沈玉 21、先玉 335、辽单 575、辽单 586、辽单 1258、辽单 1281、辽单 352、吉单 27、吉单 953、吉单 50、吉单 95、吉单 96、吉单 56、吉单 558、吉单 441、原单 68、吉东 60、吉东 66、垦吉 267、垦吉 268、垦吉 269、鑫鑫 1 号、绥玉 29、绥玉 23、绥玉 35、绥玉 42、克玉 19、龙单 42、龙单 67、龙育 7 号、嫩单 22、垦单 15、庆单 3、郑单 958[65]。

2.3.2　黄淮海夏播玉米区

黄淮海夏播玉米区属暖温带半湿润气候，属于一年两熟制。分布自南起的江苏东台，沿淮河经安徽至河南，入陕西沿秦岭直至甘肃省，包括黄河、淮河、海河流域中下游的山东、河南的全部，河北的大部，山西中南部，陕西关中和江苏徐淮地区。黄淮海夏播玉米区主要种植的品种为硬粒型玉米，多为中熟品种，千粒质量 340～360g[62]。该区气温较高，年平均气温 10～14℃，≥0℃的积温 4100～5200℃，≥10℃积温 3600～4700℃，无霜期从北向南 170～220d，日照 2200～2800h，全年降雨量 500～800mm，自然条件对玉米生长发育极为有利，是全国玉米最大的集中产区。玉米播种面积约占全国玉米种植面积的 30%以上，总产量占全国的 50%左右[62]。玉米同一适宜生态区区划将黄淮海夏玉米区作为一个整体，传统上根据种植习惯与地理位置，将豫中南、江苏和安徽两省淮河以北地区、湖北省襄阳地区等北亚热带向暖温带交汇过渡区域称为黄淮海南部玉米区；豫北、山东省、河北省保定市和沧州市的南部及以南地区、陕西省关中灌区、山西省运城市和临汾市、晋城市部分平川地区等称为黄淮海北部玉米区[64,66]。

该区是我国最大的两熟制种植区，小麦-玉米、小麦-大豆、小麦-水稻等作物接茬轮作、间作、套作、复种并存。近年来，随着玉米价格的攀升和机械化程度的提高，小麦玉米接茬轮作得到快速发展，占到了播种面积的 85% 以上。以山东为例，山东小麦常年种植面积 353.3 万公顷多，玉米 286.7 万公顷，常年小麦玉米接茬轮作 266.7 万公顷左右，占玉米种植面积的 89% 以上[67]。

在黄淮海地区种植玉米主要防治粗缩病和南方锈病[68]。该区的主推品种分两大类型：①紧凑型，代表品种有郑单 958、浚单 18、浚单 20、鲁单 9002、中地 868 等。这部分品种的种质基础主要由 PA（瑞德）和塘四平头系统构成，优点是丰产性好、耐密性好、抗小斑病，缺点是易感染粗缩病、锈病和弯孢菌叶斑病。②稀植大穗型，代表品种有豫玉 22、鲁单 981、农大 108 等，这部分品种大都含有 PB 种质，有较好的抗性。近年来由美国杂交种 78599 选系组配的杂交种成为生产主推品种，78599 系成为一个新的杂种优势群（P 群）的观点也逐渐被认可[69]。

近 20 年来在黄淮海主要推广杂交种中，塘四平头群的贡献最大，以其为亲本选育出了一批鲁单系列玉米新品种，使得塘四平头群杂优模式成为黄淮海地区夏玉米的主要杂优模式[70]。其次是瑞德、兰卡斯特和旅大红骨群。因此其核心种质基本上由国内和国外这四大系统构成。黄淮海的主要杂优模式为瑞德群×塘四平头群（代表品种郑单 958），P 群×塘四平头群（代表品种鲁单 981）、P 群×瑞德群（代表品种鲁单 50、农大 108）和塘四平头群×其他种质群[71-74]。

2.3.3　西南山地玉米区

西南山地玉米区是中国第三大玉米种植带，播种面积约 500 万公顷，玉米播种面积占全国玉米面积的 20% 左右[72]。西南山地属温带和亚热带湿润-半湿润气候，70%以上的玉米分布在丘陵和山区，包括四川、云南、贵州全部，陕西南部和广西、湖南、湖北的西部丘陵地区以及甘肃省的一小部分。由于本区海拔从 200～5000m，受丘陵山地影响，机械化种植发展受限。当地雨量丰沛，水热条件较好，但光照条件较差。除部分高山地区外，无霜期 240～330 天，从 4 月到 10 月平均气温在 15℃以上，全年降水量 800～1200mm，多集中在 4～10 月，有利于多季玉米栽培，亦为主要玉米产区之一。

在西南山地区域，因自然生态条件和农业生产条件多样，玉米在西南地区属于重要的粮食、养殖饲料农作物，推广种植面积大。四川省的玉米种植面积在全国省份中排名第 9，常年种植面积 120 万公顷，占西南区玉米播种面积25%左右。随着高产、密植管理技术的进步以及生产技术体系的推广，西南丘陵地区玉米大面积产量从 4329kg/ hm^2 增长到 9000kg/ hm^2 [75]。近年四川盆区活动积温达 4500℃以上，降水量为 500～600mm，说明四川地区非常适合种植玉米，玉米播种面积和总产量呈逐年上升趋势。四川玉米生产可通过选取特种品种、合理安排播期来提高产量，达到自给自足；采取有效措施为早播创造条件，通过推广带状种植、育苗移栽、调整群体结构，提高光能利用率、提高产量，减少从其他地方调进补充的玉米量。云南常年玉米播种面积约 113 万公顷，云南玉米播种面积和单产水平在过去 20 年均呈上升趋势，最近 5 年平均播种面积占云南粮食总播种面积的 42.5%，产量占粮食总量的 49.2%；云南玉米播种面积和产量分别居我国第 9 位和第10 位，尽管如此，玉米单产低，生产仍然不足，也需要从其他地方调进以满足草食畜的发展[76]。玉米在广西是仅次于水稻的第二大粮食作物。2008 年，广西玉米播种面积约 45 万公顷，亩产约为 220kg。该区粮食消费较高，从区外调 200 万吨，需求较大[77]。

西南地区是我国开展玉米栽培研究工作比较早的一个地区，西南山地干旱严重，耐寒品种在当地非常受欢迎。西南地区以山地丘陵地形为主，人口稠密，人口多、土地少的矛盾格外突出。在三熟不足二熟有余的农业热量资源背景下，带状套作三熟制逐渐发展成为中国南方丘陵旱地的主要种植模式，其中以小麦/玉米/马铃薯为主的带状套作三熟制是四川及南方广大丘陵旱地的主要种植模式，该模式曾为解决中国南方人口温饱问题做出巨大贡献[78-80]。目前，西南地区应用推广的主要类型为玉米-大豆带状套作模式。

玉米大小斑病、纹枯病、穗腐病、茎腐病、灰斑病在西南地区都是重点玉米病害，严重影响产量和品质[72]。随着农业生产和经济的发展，玉米育种研究工作得到进一步加强。通过加强优异种质资源的引进、鉴定和改良，创新了一批高产、高配、抗病、耐密、抗倒、品质优良的骨干玉米自交系，如成自 2142、成自 205-1-1、Y9614、桂 14532、LH8012、SCML0331、SCML2031 等。培育了一系列高产优质、抗病抗倒、抗旱广适的杂交玉米新品种推广应用，如成单 30、成单 90、荃玉 9 号、桂单 165、云瑞 505、金玉 838、湘农玉 21 等。优良玉米单交种推广面积不断扩大，单产和总产逐年提高[78,81-84]。

2.3.4　南方丘陵玉米区

南方丘陵玉米区北与黄淮海平原夏播玉米区相连，西接西南山地套种玉米区，东部和南部濒临东海和南海，包括广东、海南、福建、浙江、江西、台湾等地区全部，江苏、安徽的南部，广西、湖南、湖北的东部，属亚热带和热带湿润气候，气温较高，降水充沛，霜雪很少，适宜农作物生长的日期为 220～360 天，一般 3～10 月份平均气温 20℃ 左右，年降水量 1000～1800mm，分布均匀，雨热同期，全年日照 1600～2500h，一年四季都可以种植玉米。但因本区降水较多，气候湿润，种植水稻产量较高，是中国水稻的主要产区，故玉米种植面积变化幅度较大，产量很不稳定。除在丘陵旱地种植少量春玉米和夏玉米外，是我国秋、冬玉米的主要种植地区。玉米种植面积较小，约占全国玉米总面积的 5%[85]。

南方丘陵地区玉米面积比较小，除了全国普遍发生的大小斑病、青枯病、丝黑穗病以外，纹枯病、穗粒腐病等在南方地区也普遍发生。能够种植一些亚热带玉米品种，但冬季种植的品种要求耐低温和较早熟，还要求抗多种病虫害，如茎腐病、锈病和纹枯病等。本地区种

植的品种主要有：桂顶 1 号、掖单 13、雅玉 2 号、掖单 12、郧单 1
号等[86]。

本区的种植制度从 1 年 2 熟制直至 1 年 3 熟或 4 熟制。典型的种
植方式为小麦-玉米-棉花（江苏），小麦（油菜）-水稻-秋玉米（浙江、
湖北），春玉米-晚稻（江西），早稻-中稻-玉米（湖南），双季稻-冬玉
米（海南）等。近年来，本区冬玉米种植有扩大的趋势[87]。

2.3.5　西北灌溉玉米区

西北灌溉玉米区包括新疆全部和甘肃的河西走廊以及宁夏河套灌
溉区。属大陆性干燥气候，降水稀少，无霜期一般为 130～180 天，个
别地区在 200 天左右，日照 2600～3200h，≥0℃积温 3000～4100℃，
≥10℃积温 2500～2600℃，南疆地区积温达 4000℃。热量资源丰富，
昼夜温差大，对玉米生长发育极为有利，但气候干燥，全年降水量多
在 200mm 以下，不能满足玉米最低限度的水分需要，是玉米生产发
展的限制因子。该区历史上基本不种植玉米，随着农田灌溉面积的增
加，现玉米种植面积约占全国玉米种植面积的 2%～3%。该区主要是
一年一熟春播玉米，也有少量的小麦-玉米套种。在采用两种种植方式
下，此地区玉米的产量和质量都很高[88,89]。

西北地区气候干燥、昼夜温差大，病虫害较少，产量潜力很高，
但经常发生干旱而造成减产，要求使用丰产潜力特别高、耐干旱和抗
丝黑穗病的品种，主要有中单 2 号、SC704、掖单 13、掖单 12、和单
1 号和京早 8 号[90,91]。

2.3.6　青藏高原玉米区

青藏高原玉米区包括青海和西藏，海拔较高，地形复杂，高寒是
其气候的重要特点。当地最热月平均温度低于 10℃，甚至低于 6℃，
这样的低温使得农作物难以成熟。仅在东部及南部海拔 4000m 以下地
区，≥10℃积温可达 1000～1200℃，耐寒喜凉作物可在此地种植。西
藏南部河谷地区，降水较多，可种植水稻、玉米等喜温作物。但本区

光热资源丰富，日照时间在 2400～3200h，平均气温日较差在 14～16℃，特别是中午和夏季极少出现抑制光合作用的高温，因而植物的光合作用强度大，净光合效率高，有利于干物质的积累，是我国重要的牧区和林区，玉米是本区新兴的农作物之一，栽培历史很短，种植面积不大[92]。

适宜青藏高原地区种植的青贮玉米品种依次为：高科玉 138、福康玉 909、中玉 335、禾青贮 306、勤玉 58、西 10、大丰 1407、川单 416、西 11、青青 300、中玉 335（四川垦丰）、鄂玉 16、西 09、成单玉 808、北玉 1522、豫玉 22、陇单 10 号、金单 485、西 02、京科青贮 932、屯玉 168、铁研 53。

2.4 转 Bt 基因抗虫玉米的杀虫机理

农作物生产过程中的虫害是影响作物产量的重要因素。植物的抗虫性是全球作物基因工程领域研究和发展的主要目标。利用基因工程手段提高其抗虫性是玉米转基因育种工作中的重点研究内容。1996 年首例抗虫转基因玉米在美国商品化，此后十余年转基因抗虫玉米的发展突飞猛进。在抗虫转基因玉米研发中采用的基因有来自 Bt 的杀虫蛋白基因，也有来源于植物的杀虫基因，如蛋白酶抑制剂基因等[93,94]，但最主要的、应用最广泛的是 Bt 杀虫蛋白基因。

Bt 的杀虫活性成分来源于产孢过程中的伴孢晶体（parasporal crystal），其主要成分为 crystal（Cry）、cytolytic（Cyt）和 vegetative（Vip）蛋白[44,95]。目前，关于 Bt 作用机制主要存在三种不同的解析模型。①穿孔模型阐述了 Bt 芽孢萌发期产生的 70～130kDa 的 Cry 毒蛋白在害虫摄食表达毒素的玉米叶片或者嫩芽后，杀虫晶体蛋白（insecticidal crystal proteins，ICPs）经幼虫咀嚼进入前肠进行溶解，在前肠的碱性环境条件下，杀虫晶体蛋白溶解为原毒素（protoxin），原毒素在经过中肠时被活化，ICPs 上的二硫键断开，受胰蛋白酶作用激活形成有活性的抗蛋白酶片段，经从 C 端和 N 端酶切大约 43 个氨基酸成为 55~65kDa 的核心活化毒蛋白（activated toxin），即毒性核心片段，之后毒性核心片段会与中肠上皮细胞刷状缘膜囊泡（brush border membrane vesicles，BBMV）上的靶标蛋白作用，与特异性受体蛋白结合，促进其在脂筏上的聚集和穿孔，继而导致细胞渗透性死亡。经两者结合后，在细胞膜上形成离子通道，细胞膜外水分受离子浓度差的影响大量进入细胞膜内，细胞膨胀解体，引起昆虫中肠坏死，中肠内的碱性物质流入血腔，昆虫的血淋巴 pH 变为碱性引起昆虫全身麻痹而死亡[96,97]。经过多年探索，被研究者们筛选出的参与结合的受体蛋白主要包括钙黏蛋白、GPI 锚定氨肽酶 N（APN）、碱性磷酸酶（ALP）、糖脂（glycolipid）等中肠分子[98]，以及近几年发现的三磷酸腺苷结合转运蛋白（ATP-binding cassette transporter subfamily，ABC 转运蛋白）[99]。②另一种信号转导学说认为，毒蛋白先与钙黏蛋白结合激活 Mg^{2+} 诱导的信号传导通路，刺激 G 蛋白和腺苷酸环化酶在胞内的表达，最终导致细胞因离子失衡凋亡。③第三种假说则报道了肠道共生菌与毒蛋白在鳞翅目中的杀虫作用直接相关[100]。随后几项研究又称共生菌与 Bt 毒蛋白的作用相关，但是在多种虫体内差异较大[100]，有报道称共生菌与 Bt 作用机制没有直接关联[101]。

2.4.1　转基因玉米对欧洲玉米螟的控制作用

欧洲玉米螟是北美对玉米产量和品质影响最严重的害虫，转 Bt 基因玉米（以下简称 Bt 玉米）的商品化为控制玉米螟为害提供了新的途径。同现行的综合防治技术相比，Bt 玉米有明显改进对欧洲玉米螟控制的潜力[102]。国外田间试验表明，转 Bt 基因玉米在田间试验中杀虫效果高而稳。欧洲玉米螟 2~4 龄幼虫取食转 Bt 基因玉米叶片后在 4 天内全部死亡，在大量接虫条件下，食叶为害状和茎秆蛀孔隧道极少[103]。虽然欧洲玉米螟在转 Bt 基因玉米上的存活率随玉米植株不断成熟而增加，但残存幼虫的生长速度极缓慢，对产量的影响很小。在玉米螟自然侵染和人工接种 4 次的条件下，转 Bt 基因玉米的产量不受玉米螟的影响，产量比非转 Bt 基因玉米增产 10%以上，比生产上应用的适应性好的对照品种增产 4%～8%[104]。在欧洲玉米螟发生中等偏重的情况下，转 Bt 基因玉米杀虫效果同化学防治相当，较非转 Bt 基因玉米增产 10%[105,106]。

不同的转 Bt 基因玉米杂交种对玉米螟的防效与其毒素蛋白在植株体内表达部位有关。Ostlie 等指出[107]，在大量接种欧洲玉米螟的情况下，转 Bt 基因的杂交种 Bt11、MON810 和 176 对心叶期发生的一代欧洲玉米螟防效都高达 96%左右，但对玉米穗期发生的螟害的防效在三者间有差异，176 的防效比前两者较低，只有 75%，其原因是 Bt11 和 MON810 的整个植株都能表达毒素蛋白，而 176 的毒素蛋白只存于植株的绿色组织和花粉中，部分取食花丝和籽粒的幼虫后期会蛀茎和蛀穗轴。转 Bt 基因玉米抗虫效果还与转入的毒素基因的种类密切相关。不同的苏云金芽孢杆菌菌株具有不同的毒素蛋白，科学家们已鉴定出 60 多种毒素蛋白，其中 *Cry1Ab*、*Cry1Ac* 和 *Cry9C* 对欧洲玉米螟的杀虫活性最强，*Cry1Ac* 和 *Cry1Ab* 对玉米穗虫毒性强。转入不同 Bt 毒蛋白基因的玉米杂交种对心叶期第一代玉米螟幼虫的控制效果都在 99%以上，但对第二代玉米螟和其他害虫的控制作用则有差异[108]。

2.4.2 转基因玉米与亚洲玉米螟的互作

针对国外的转 Bt 基因抗虫玉米材料，王冬妍等研究了转 *Cry1Ab* 基因玉米 MON810 和 Bt11 不同组织器官对亚洲玉米螟初孵幼虫杀虫效果，结果表明：两种 Bt 玉米心叶、苞叶、雌穗尖和籽粒的杀虫蛋白表达量与取食的幼虫死亡率呈显著正相关[109]。虽然我国至今尚未实施转基因玉米的推广生产，但是已经获得了大批转基因抗虫玉米、抗除草剂玉米、抗旱玉米等优异的转基因材料，为将来产业化实施奠定了一定的基础[110]。例如，王国英等成功地利用基因枪法把 Bt 基因转移到玉米幼胚中，再生植株中 *Cry1Ab* 基因得到表达，部分植株表现出抗虫性[111]。朱常香等采用共转化法将 *Cry1Ab* 基因和 *bar* 基因导入玉米自交系的幼胚中，Northern 杂交及 ELISA 检测结果表明：*Cry1Ab* 基因在转录和翻译水平具有有效的表达，部分转基因植株表现出明显的抗虫活性[112]。徐艳聆等利用透射显微镜观察取食表达 *Cry1Ab* 杀虫蛋白玉米心叶组织的亚洲玉米螟幼虫中肠的组织病理变化情况，得到的结果表明靶标害虫的中肠细胞发生病变，最终导致其死亡的结论[113]。孙越等对转 *Cry1AcM*、*epsps*、*GAT* 和 *ZmPIS* 基因复合性状玉米种质的目标性状进行依次鉴定，综合研究结果表明：其抗虫性、抗草甘膦除草剂性和抗旱性效果都达到相应的标准，成功选育出了具有优良复合性状并能稳定遗传的转基因玉米新种质[114]。值得注意的是，转基因复合性状玉米已经成为转基因玉米研究的重要发展趋势。在实验室条件下，目前至少发现 10 种昆虫对 Bt 毒蛋白产生抗性，1985 年 McGaughey 等首次发现印度谷螟在高强度的选择压力下，可产生对 Bt 毒蛋白的抗性[115]。2004 年，李光涛等通过对亚洲玉米螟进行室内 38 代的汰选，得到对 Cry1Ab 蛋白产生了高达 107 倍抗性的种群，与敏感种群相比，抗性种群的幼虫发育历期明显延长，平均蛹重明显下降。用表达 *Cry1Ab* 基因杀虫蛋白的 MON810 玉米对 *Cry1Ab* 的抗性种群连续 4 代生测结果表明，亚洲玉米螟初孵幼虫不能在转基因玉米 MON810 的心叶和苞叶上存活，但是能够在花丝上完成幼虫期并化蛹和繁殖后代[116]。然而由于大规模种植，欧洲玉米螟首次在加拿大田间发现了对转基因玉米的抗性，可见 Bt 作物面临着巨大威胁[117]。目前还没有关于亚洲玉米螟在田间对转 Bt 基因玉米产生抗性的报道，但是相关研究表明，不同地理种群的亚洲玉米螟对 Bt 杀虫蛋白的敏感性都有所提高[118,119]。

　　鉴于其具备很高的宿主特异性和环境安全性，近几十年来 Bt 已然成为应用最广泛、杀虫效果最佳的农业生产上最具竞争力的杀虫剂[120]，然而，阻碍该优秀微生物杀虫剂长效利用的主要原因是害虫对其产生了抗药性。目前已经报道的对转 Bt 基因作物产生抗药性的农业害虫包括小菜蛾（*Plutella xylostella*）[121]、粉纹夜蛾（*Trichoplusiani*）[122]、入侵害虫草地贪夜蛾（*Spodoptera frugiperda*）[123]、玉米蛀茎夜蛾（*Busseola fusca*）[124]、玉米根萤叶甲（*Diabrotica virgifera*）[125]、棉红铃虫（*Pectinophora gossypiella*）[126]等。尽管世界范围内的科学家对 Bt 抗性机理研究不断深入，研究者发现 Bt 毒蛋白的不同晶体对害虫的抗性机制存在差异，作用机制尚未透彻解析。生产上的解决办法主要集中在结合两种或两种以上的整合 Bt 毒蛋白来增强杀虫效力，但这种方法常因害虫对一种毒蛋白产生抗性进而对其他多种 Bt 毒蛋白具有交叉抗性而收效甚微。因此，深入了解产生 Bt 抗药性的遗传学基础可以更有效地监测、阻碍和管理害虫对 Bt 毒蛋白抗药性的综合治理难题。

2.5 国内转基因玉米发展现状

我国从 1989 年开始进行转基因抗虫玉米的研究，起步很早但是发展相对较缓慢，对于转基因抗虫玉米的研究多集中在方法研究上[127-131]。1993 年，丁群星等首次用子房注射法将 Bt 毒蛋白基因导入玉米自交系，获得 Bt 转基因植株[132]；1995 年，王国英等用基因枪轰击法将 Bt 毒蛋白基因转入玉米愈伤组织和幼胚中获得再生转基因植株[111]；1998 年，周逢勇将 *GFM* 杀虫基因导入到玉米自交系 P9-10 中，对其后代进行遗传稳定性分析后发现外源基因遗传稳定[133]；此后李惠芬等利用基因枪法将 *Cry1Ac3-cpti* 融合基因转入玉米优良自交系 E28 和 340 中，获得对玉米螟较好的抗性[93]。余云舟等[134]在构建口蹄疫病毒（foot and mouth disease virus，FMDV）结构蛋白 P1 基因植物表达载体 pBI131SP1 的基础上，以玉米自交系 8902、340 和 4112 的 Ⅱ 型胚性愈伤组织为受体，用基因枪轰击法转化玉米，获得抗性再生植株。在国家"863"、"973"、转基因重大专项等的资助和科研工作者的不断努力下，我国在抗虫、耐除草剂、抗逆、品质改良、养分高效利用转基因玉米新品种培育方面取得了重要进展[135]。

自 2008 年我国启动转基因生物新品种培育重大专项以来，研究者们积极响应加速研发和培育转基因新品种并取得瞩目的成绩[136]。2019 年 12 月，大北农集团的"DBN9936"和杭州瑞丰生物科技有限公司与浙江大学联合研发的"瑞丰 125"两个抗虫耐除草剂转化体已获得农业农村部颁发的农业转基因生物生产应用安全证书，这是我国对转基因玉米的商业化种植发出的信号，也是在转基因玉米产业化应用方面取得的里程碑式的进展。由此转基因玉米在我国的开发应用前景迎来曙光。2009~2022 年我国转基因玉米生产应用安全证书持续发放，具体情况如表 2-2[55]。

表 2-2　我国转基因玉米生产应用安全证书发放情况

转化体	研发机构	目的基因	性状	发证时间
瑞丰 125	杭州瑞丰、浙江大学	Cry1Ab/Cry2Aj、g10evo-epsps	抗虫、耐除草剂	2019
DBN9936	大北农	Cry1Ab、epsps	抗虫、耐除草剂	2019
DBN9858	大北农	epsps、pat	耐除草剂	2020
DBN9501	大北农	Vip3Aa19、pat	抗虫、耐除草剂	2020
ND207	中国农业大学、中国林业有限公司种子集团	mCry1Ab、mCry2Ab	抗虫	2021
瑞丰 8	杭州瑞丰、浙江大学	Cry1Ab、Cry2Ab	抗虫	2021
DBN3601T (DBN9936×DBN9501)	大北农	Cry1Ab、epsps、Vip3Aa19、pat	抗虫、耐除草剂	2021
nCX-1	杭州瑞丰	CdP450、cp4epsps	耐除草剂	2022
Bt11×GA21	中国种子集团	Cry1Ab、pat、mepsps	抗虫、耐除草剂	2022
Bt11×MIR162×GA21	中国种子集团	Cry1Ab、pat、Vip3Aa20、mepsps	抗虫、耐除草剂	2022
GA21	中国种子集团	mepsps	耐除草剂	2022
BFL4-2	袁隆平农业高科技股份有限公司、中国农业科学院生物技术研究所	Cry1Ab、Cry1F、cp4epsps	抗虫、耐除草剂	2023
CC-2	中国林业种子集团有限公司、中国农业大学	maroACC	耐除草剂	2023
BVLA430101	奥瑞金	phyA2	品质改良	2009

转基因抗虫玉米呈现出以下发展趋势：①靶标害虫的范围不断扩

展。早期研发的转基因玉米的靶标害虫主要集中在鳞翅目害虫玉米螟，后来随着对 Bt 基因的挖掘，抗鞘翅目昆虫的转基因产品不断增多。②基因挖掘和应用不断拓展。Bt 基因种类增多，如 *Cry3*、*Cry9*、*Cry34*、*Cry35* 类基因均得到商业化应用。经密码子优化和嵌合不同 Bt 基因的人工合成基因增多，如 *Cry1Fa2*、*moCry1F*、*mCry3A*、*Cry1A.105*、*eCry3.1Ab* 等。③聚合针对不同靶标害虫的多个抗虫基因的复合性状新品种培育成为目前研发的主要方向。目前，商业化的绝大多数携带抗虫基因的转化事件是具有复合性状的产品，占抗虫转基因玉米的98%，其中大多数是通过不同转化之间的杂交后代筛选获得的复合型转基因品系，将大大增强玉米品种优化和抗虫能力使得作物增产增效[54]。

参考文献

[1] 吴坤君, 龚佩瑜, 阮永明. 番茄是烟青虫的寄主植物吗? 昆虫学报, 2006, 49(3): 421-427.

[2] 王振营, 鲁新, 何康来, 等. 我国研究亚洲玉米螟历史、现状与展望. 沈阳农业大学学报, 2000, 31(5): 402-412.

[3] Chen R Z, Klein M G, Li Q Y. Do second generation Asia corn borer (Lepidoptera: Crambidae) immigrate to corn fields from alternate habitats? Journal of Asia-Pacific Entomology, 2015, 18(4): 687-693.

[4] 郑天翔, 李龙, 雷玉明, 等. 河西走廊玉米螟发生规律研究. 河西学院学报, 2020, 36(5): 10-12.

[5] 李文德, 王秀珍. 玉米螟与寄主植物的关系. 植物保护, 1981(1): 10-11.

[6] 王文强. 亚洲玉米螟在东北地区寄主植物的研究. 北京: 中国农业科学院, 2015.

[7] 李文德, 陈素馨, 秦建国. 亚洲玉米螟与欧洲玉米螟混生区的研究. 昆虫知识, 2003, 40(1): 31-35.

[8] 徐建亚. 春玉米不同栽培方式对亚洲玉米螟的影响. 安徽农业科学, 2003, 31 (3): 356-357+359.

[9] Denlinger D L, Hahn D A, Merlin C, et al. Keeping time without a spine: what can the insect clock teach us about seasonal adaptation? Philosophical Transactions of the Royal Society B: Biological Sciences, 2017, 372(1734): 20160257.

[10] 袁志华，郭井菲，王振营，等. 亚洲玉米螟幼虫对不同寄主植物的取食选择性. 植物保护学报，2013(40): 205-210.

[11] 杨哲，董辉，胡志凤，等. 东北地区亚洲玉米螟不同寄主植物种群线粒体基因遗传多样性. 植物保护学报，2016, 42(6): 970-977.

[12] 杨益众，戴志一，黄东林，等. 棉田亚洲玉米螟生物学的研究. 华东昆虫学报，1996, 5(2): 46-50.

[13] 杜袁文，陈功. 蚜虫寄主识别与搜索的研究进展. 华中昆虫研究，2019, 15(0): 113-138.

[14] 梁薇，麻亚辉，陈丽慧，等. 寄主植物对植食性昆虫选择行为影响的研究进展. 生物灾害科学，2022, 45(3): 299-304.

[15] 张文璐，王文强，白树雄，等. 亚洲玉米螟雌蛾产卵偏好寄主植物的筛选及对葎草挥发性化学成分的电生理反应. 昆虫学报，2018, 61(2): 224-231.

[16] Huang C H, Yan F M, Byers J A, et al. Volatiles induced by the larvae of the Asian corn borer (*Ostrinia furnacalis*) in maize plants affect behavior of conspecific larvae and female adults. Insect Sci, 2009, 16(4): 311-320.

[17] He K, Wang Z, Zhou D, et al. Evaluation of transgenic Bt corn for resistance to the Asian corn borer (Lepidoptera: Pyralidae). Journal of Economic Entomology, 2003, 96(3): 935-940.

[18] 谢为民. 吉林省玉米螟的发生预测与防治. 玉米科学，1996(4): 71-74.

[19] 丛斌，张永军，王立霞，等. 影响第 2 代玉米螟种群数量变动的因素. 沈阳农业大学学报，2000, 31(5): 448-450.

[20] Nafus D M, Schreiner I H. Review of the biology and control of the Asian corn borer, *Ostrinia furnacalis* (Lep: Pyralidae). International Journal of Pest Management, 1991, 37(1): 41-56.

[21] 周旭. 亚洲玉米螟对转 Bt 基因玉米抗性和天然庇护所的调查. 长春: 吉林农业大学, 2020.

[22] 赵秀梅，张树权，李青超，等. 黑龙江省玉米穗期主要害虫发生概况及防治对策. 中国植保导刊，2014, 34(11): 37-39.

[23] 毛增华，阎惠，李兆芬. 吉林省玉米螟天敌种类调查研究初报. 吉林农业大学学报，1989(4): 6-8+5.

[24] 王喜印，黄慧光，徐静华，等. 2 代玉米螟重发原因及其与 1 代残虫量关系分析. 中国植保导刊，2009, 29(4): 15-16.

[25] 吴维均，蔡宁华. 穗期玉米螟为害对夏玉米产量损失影响初报. 植物保护学报，1963(2): 135-139.

[26] 文丽萍，王振营，叶志华，等. 亚洲玉米螟对玉米的为害损失估计及经济阈值研究. 中国农业科学，1992(1): 44-49.

[27] 周淑香. 二代玉米螟为害玉米产量损失研究. 应用昆虫学报, 2014, 51(3): 676-679.

[28] 李文德, 陈素馨, 秦建国. 亚洲玉米螟危害蛀孔在春玉米上的分布及其与产量损失的关系. 植物保护, 2002(6): 25-28.

[29] 邱式邦, 周大荣, 董慧芳, 等. 玉米不同生育期遭受螟害对产量损失的影响. 植物保护学报, 1964(3): 307-312.

[30] 顾成玉, 梁艳春, 张广芝. 一代区玉米螟产量损失与防治指标的研究. 昆虫知识, 1987(2): 78-80.

[31] 舒占涛, 马苹. 玉米螟与产量损失的关系及防治策略初探. 内蒙古农业科技, 1987(2): 40-45.

[32] 褚丽敏, 王国强, 赵洪利, 等. 生物防治对玉米螟防效及鲜食玉米产量的影响. 现代化农业, 2021(8): 6-8.

[33] 李妍颖, 李梅梅, 杨琪, 等. 亚洲玉米螟为害对玉米产量的影响与防治指标研究. 植物保护, 2022, 48(1): 82-89.

[34] 吴维均, 严毓骅, 蔡宁华, 等. 北京地区春玉米螟害产量损失估计方法及防治指标的商榷. 植物保护学报, 1965(4): 323-328.

[35] 王志春, 钱海涛, 董辉, 等. 亚洲玉米螟为害程度与产量损失研究. 植物保护, 2008(1): 112-115.

[36] 张丹, 可欣. 玉米螟造成玉米产量损失的研究. 新农业, 2017(8): 35-36.

[37] 李研学, 谢俊英, 马兆东. 朝阳地区玉米螟为害损失调查及防治指标研究和探讨. 植保技术与推广, 1997(6): 3-5.

[38] 李帅强, 张统书, 刘宁, 等. 辽宁省二代亚洲玉米螟为害防治的经济阈值. 生态学杂志, 2017, 36(1): 104-109.

[39] Tefera, T, Stephen M, Beyene Y. Developing and deploying insect resistant maize varieties to reduce pre-and post-harvest food losses in Africa. Food Security, 2016, 8(1): 211-220.

[40] 安国民, 徐世艳. 世界玉米产业现状及发展前景. 世界农业, 2004(7): 38-40.

[41] 路立平, 赵化春, 赵娜, 等. 世界玉米产业现状及发展前景. 玉米科学, 2006(5): 149-156.

[42] 王芳, 刘春霞. 世界玉米供求状况及趋势分析. 当代生态农业, 2011, Z2: 22-28.

[43] I B. Global status of commercialized biotech/GM crops in 2017: Biotech crop adoption surges as economic benefits accumulate in 22 years. ISAAA Brief No. 53 (ISAAA, Ithaca, NY), 2017, 53: 25-26.

[44] Adang M J, Crickmore N, Jurat-Fuentes J L. Diversity of *Bacillus thuringiensis* crystal toxins and mechanism of action. Insect Midgut and Insecticidal Proteins, 2014.

[45] 国际农业生物技术应用服务组织. 2019 年全球生物技术/转基因作物商业化发展态势. 中国生物工程杂志, 2021, 41(1): 114-119.

[46] 梁晋刚, 张旭冬, 毕研哲, 等. 转基因抗虫玉米发展现状与展望. 中国生物工程杂志, 2021, 41(6): 98-104.

[47] 徐若梅. 全球转基因作物商业化的发展态势与启示. 安徽农业大学学报(社会科学版), 2018, 27(4): 62-67.

[48] 焦悦, 韩宇, 杨桥, 等. 全球转基因玉米商业化发展态势概述及启示. 生物技术通报, 2021, 37(4): 164-176.

[49] Kumar K. Genetically modified crops: current status and future prospects. Planta, 2020, 251(4): 91.

[50] Mathauer I. 'Free health care' policies: Opportunities and risks for moving towards UHC. 2017.

[51] 丁云秀. 全球转基因玉米商业化应用现状及产品线研发进展. 农民致富之友, 2016(6): 99+25.

[52] 卜华虎, 任志强, 肖建红, 等. 玉米抗虫研究进展. 中国农学通报, 2019, 35(30): 145-149.

[53] 吕霞, 王慧, 曾兴, 等. 转基因抗虫玉米研究及应用. 作物杂志, 2013(2): 7-12.

[54] 黎裕, 王天宇. 玉米转基因技术研发与应用现状及展望. 玉米科学, 2018, 26(2): 1-15+22.

[55] 张水梅, 杨帆, 赵宁, 等. 我国转基因玉米研发进展. 农业科技管理, 2022, 41(5): 72-76.

[56] 王冬梅. 玉米种植现状与新技术应用的效率分析. 世界热带农业信息, 2023(4): 7-9.

[57] 王海峰. 玉米产业在农业生产中的重要作用及发展前景. 种子世界, 2008(6): 54-55.

[58] 赵久然, 王荣焕. 中国玉米生产发展历程、存在问题及对策. 中国农业科技导报, 2013, 15(3): 1-6.

[59] 侯旭光, 冯勇. 我国审定玉米品种名称的系统分析. 北方农业学报, 2021, 49(4): 26-29.

[60] 朱勇生. 2021 年中国玉米产业报告. 粮油市场报, 2021, T14.

[61] 叶绵圳, 黄芩, 邓贵仲, 等. 基于文献计量学的中国转基因玉米研究进展. 贵州农业科学, 2020, 48(3): 169-172.

[62] 刘文凤, 白坤. 北方区春播玉米与黄淮海区夏播玉米质量的对比分析. 河南农业, 2020(26): 2.

[63] 王淑萍. 我国玉米种植产区的划分. 养殖技术顾问, 2010(6): 74.

[64] 王清泉. 北方玉米高产栽培关键技术探析. 种子科技, 2017, 35(5): 63-66.

[65] 宋仕勤, 杨清龙, 王丹, 等. 东北、华北春玉米品种使用情况及生产发展趋势. 种子世界, 2012(2): 7-8.

[66] 冯晓曦, 王红梅, 郭海斌, 等. 黄淮海南部玉米生产存在的问题与育种对策. 中国种业, 2016(10): 5-8.

[67] 陈传永, 赵久然, 吴珊珊, 等. 黄淮海夏玉米区南北部产量及相关性状差异分析. 耕作与栽培, 2022, 42(5): 42-46.

[68] 冯汉宇, 魏锦霖, 卢世安, 等. 黄淮海国审玉米新品种中地 868 特征特性与栽培技术. 配套技术, 2020(1): 1005+2690.

[69] 段鹏飞, 刘天学, 李潮海, 等. 黄淮海夏玉米区主要玉米品种多因素综合分析. 江西农业学报, 2009, 21(12): 14-16.

[70] 李文才, 刘治先, 孙琦, 等. "PN78599×塘四平头群"玉米杂优模式的利用及连续改良. 山东农业科学, 2019, 51(6): 31-34.

[71] 郭庆法, 高新学, 刘强, 等. 黄淮海夏玉米区玉米育种现状及创新. 玉米科学, 2007(6): 1-4.

[72] 李祥艳, 唐海涛, 刘刚, 等. 西南山地玉米生产及育种技术探讨. 农业技术与装备, 2016(5): 31-36.

[73] 刘继元, 崔中凯, 马继春, 等. 黄淮海地区小麦玉米接茬轮作机械化生产问题与对策. 农机化研究, 2016, 38(5): 259-263.

[74] 冯晓曦, 王红梅, 郭海斌, 等. 黄淮海南部玉米生产存在的问题与育种对策. 中国种业, 2016(10): 5-8.

[75] 刘禹池, 杨勤, 岳丽杰, 等. 西南丘陵山地玉米农田土壤障碍研究进展. 耕作与栽培, 2022, 42(4): 54-60.

[76] 杨子姗, 徐率, 赵苑伶, 等. 云南玉米产业发展状况与制约因素. 耕作与栽培, 2022, 42(5): 63-71.

[77] 杨克诚, 荀才明, 荣延昭, 等. 西南地区玉米育种现状及发展对策. 玉米科学, 2008(3): 8-11.

[78] 彭明, 汤彬, 陈志辉, 等. 西南玉米区主推品种耐密性比较研究. 湖南农业科学, 2015, 16(2): 259-261+383.

[79] 杜世凯. 西南山区玉米育种发展探讨. 中国种业, 2007(10): 44-45.

[80] 刘鑫, 陈小容, 雍太文, 等. 西南地区不同套种模式对土壤肥力及经济效益的影响. 中国农学通报, 2017, 33(15): 104-109.

[81] 陈泽辉. 西南玉米生态区域划分及品种需求. 山地农业生物学报, 2016, 35(3): 1-9.

[82] 陈瑞佶, 张建, 刘兴舟, 等. 中国玉米种植分布与气候关系研究. 农学学报, 2019, 9(8): 58-68.

[83] 李高科, 潘光堂. 西南玉米区种质利用现状及研究进展. 玉米科学, 2005, 13(2): 3-7.

[84] 李新河, 黄宁. 西南地区玉米产业现状与发展建议. 农业研究与应用, 2020, 33(3): 60-64.

[85] 张景莲. 1982 年以来我国玉米品种的演变. 河南农业科学, 2008, 6(20): 36-39.

[86]　佟屏亚. 南方地区玉米综合开发的策略和措施. 耕作与栽培, 1999(3): 49-52.

[87]　石坚高. 加强推广南方玉米高产种植技术. 农业与技术, 2019, 39(17): 105-106.

[88]　刘万茂, 侯鹏, 杨云山, 等. 西北玉米主产区气候变化分析. 2016 年全国青年作物栽培与生理学术研讨会论文集, 2016, 15.

[89]　乔远, 杨欢, 雒金麟, 等. 西北地区玉米生产投入及生态环境风险评价. 中国农业科学, 2022, 55(5): 962-976.

[90]　郭延景, 肖海峰. 基于比较优势的中国玉米生产布局变迁及优化研究. 中国农业资源与区划, 2022, 43(3): 58-68.

[91]　汪振燕. 西北地区玉米制种高产栽培技术. 种子科技, 2019, 37(3): 48-52.

[92]　李想, 张业猛, 朱丽丽, 等. 青海高原地区不同玉米品种青贮性能及营养品质评价. 草业科学, 2021, 38(6): 1194-1208.

[93]　李慧芬, 刘翔, 曲强, 等. 转抗虫融合基因(Cry1Ac3-cpti)玉米(*Zea mays* L.)植株的获得及其抗虫性分析. 自然科学进展, 2002(1): 39-42+115.

[94]　伍晓丽, 朱祯, 李晚忱, 等. 农杆菌介导豇豆胰蛋白酶抑制剂基因(*cpti*)在玉米中的遗传转化. 作物学报, 2004(3): 297-298.

[95]　Wang J, Zhang H, Wang H D. Functional validation of cadherin as a receptor of Bt toxin Cry1Ac in *Helicoverpa armigera* utilizing the CRISPR/Cas9 system. Insect biochemistry and molecular biology, 2016(76): 11-17.

[96]　王忠华, 舒庆尧. Bt 杀虫基因与 Bt 转基因抗虫植物研究进展. 植物学通报, 1999(1): 52-59.

[97]　赵红盈, 张永军, 吴孔明, 等. 转 Cry1Ac/CpTI 双价抗虫水稻 Cry1Ac 杀虫蛋白的表达特性及其对二化螟的毒杀效果. 农业生物技术学报, 2004(1): 76-79.

[98]　Pigott C R, Ellar D J. Role of receptors in *Bacillus thuringiensis* Crystal toxin activity. Microbiol Mol Biol Rev, 2007, 71(2): 255-281.

[99]　Gahan L J, Pauchet Y, Vogel H, et al. An ABC transporter mutation is correlated with insect resistance to *Bacillus thuringiensis* Cry1Ac toxin. PLoS Genet, 2010, 6(12): e1001248.

[100]　Broderick N A, Robinson G, McMahon M D, et al. Contributions of gut bacteria to *Bacillus thuringiensis*-induced mortality vary across a range of Lepidoptera. BMC Biol, 2009(7): 11.

[101]　Johnston P R, Crickmore N. Gut bacteria are not required for the insecticidal activity of *Bacillus thuringiensis* toward the tobacco hornworm, *Manduca sexta*. Applied and Environmental Microbiology, 2009, 75(15): 5094-5099.

[102]　王振营, 文丽萍, 何康米, 等. 美国转 Bt 基因抗虫玉米研究进展. 世界农业, 1999(8): 35-37.

[103] Jansens S, Vliet A V, Dickburt C, et al. Transgenic corn expressing a Cry9C insecticidal protein from *Bacillus thuringiensis* protected from european corn borer damage. Crop Science, 1997, 37(5).

[104] Lauer J, Wedberg J. Grain yield of initial Bt corn hybrid introductions to farmers in the northern corn belt. Journal of Production Agriculture, 1999, 12(3): 373-376.

[105] Armstrong C L, Paeker G B, Pershing J C. Field evaluation of European corn borer control in progeny of 173 transgenic corn events expressing an insecticidal protein from *Bacillus thuringiensis*. Crop Science, 1995, 35 (2):550-557.

[106] Labatte J M, Meusnier S, Migeon A. Field evaluation of and modeling the impact of three control methods on the larval dynamics of *Ostrinia nubilalis* (Lepidoptera: Pyralidae). Journal of Economic Entomology, 1996(4): 852-862.

[107] Ostlie K R, Hutchison W D, Hellmich R L. Bt corn & European corn borer: long-term success through resistance management, 1997.

[108] 文丽萍, 周大荣, 王振营, 等. 亚洲玉米螟越冬幼虫存活和滞育解除与水分摄入的关系. 昆虫学报, 2000(S1): 137-142.

[109] 王冬妍, 王振营, 何康来, 等. Bt 玉米杀虫蛋白含量的时空表达及对亚洲玉米螟的杀虫效果. 中国农业科学, 2004, 37 (8): 1155-1159.

[110] 李宁, 何康来, 崔蕾, 等. 转基因抗虫玉米环境安全性及我国应用前景. 植物保护, 2011, 37(6): 18-26.

[111] 王国英, 杜天兵, 张宏, 等. 用基因枪将 Bt 毒蛋白基因转入玉米及转基因植株再生. 中国科学(B 辑 化学 生命科学 地学), 1995, 25(1): 71-76+113.

[112] 朱常香, 宋云枝, 张杰道, 等. 抗虫、抗除草剂转基因玉米的获得及遗传研究. 山东农业大学学报(自然科学版), 2002(2): 120-125.

[113] 徐艳聆, 王振营, 何康来, 等. 取食转 Bt 基因抗虫玉米后亚洲玉米螟幼虫中肠的组织病理变化. 昆虫学报, 2009, 52(9): 1034-1038.

[114] 孙越, 刘秀霞, 李丽莉, 等. 兼抗虫、除草剂、干旱转基因玉米的获得和鉴定. 中国农业科学, 2015, 48(2): 215-228.

[115] McGaughey H W. Insect resistance to the biological insecticide *Bacillus thuringiensis*. Science, 1985, 229(4709): 193-195.

[116] 李光涛. 亚洲玉米螟 Cry1Ab 抗性种群的生物学及其抗性遗传规律研究. 北京: 中国农业科学院, 2004.

[117] Smith J L, Farhan Y, Schaafsma A W. Practical resistance of *Ostrinia nubilalis* (Lepidoptera: Crambidae) to Cry1F *Bacillus thuringiensis* maize discovered in Nova Scotia, Canada. Scientific Reports, 2019, 9(1): 1-10.

[118] Xu L, Wang Z, Zhang J, et al. Cross-resistance of Cry1Ab-selected Asian corn borer to other Cry toxins. 2010, 134(5): 429-438.

[119] Alcantara E, Estrada A, Alpuerto V, et al. Monitoring Cry1Ab susceptibility in Asian corn borer (Lepidoptera: Crambidae) on Bt corn in the Philippines. Crop protection, 2011, 30(5): 554-559.

[120] Nester, E W, Thomashow L S, Metz M, et al. in 100 Years of *Bacillus thuringiensis*: A critical scientific assessment: this report is based on a colloquium. Washington (DC), 2002.

[121] Sanchis V, Gohar M, Chaufaux J, et al. Development and field performance of a broad-spectrum nonviable asporogenic recombinant strain of *Bacillus thuringiensis* with greater potency and UV resistance. Appl Environ Microbiol, 1999, 65(9): 4032-4039.

[122] Janmaat A F, Myers J. Rapid evolution and the cost of resistance to *Bacillus thuringiensis* in greenhouse populations of cabbage loopers, *Trichoplusia ni*. Proc Biol Sci, 2003, 270(1530): 2263-2270.

[123] Storer N P, Babcock J M, Schlenz M, et al. Discovery and characterization of field resistance to Bt maize: *Spodoptera frugiperda* (Lepidoptera: Noctuidae) in Puerto Rico. J Econ Entomol, 2010, 103(4): 1031-8.

[124] Rensburg J. First report of field resistance by the stem borer, *Busseola fusca* (Fuller) to Bt-transgenic maize. South African Journal of Plant and Soil, 2007, 24(3): 147-151.

[125] Grassmann A J, Petzold-Maxwell J L, Clifton E H, et al. Field-evolved resistance by western corn rootworm to multiple *Bacillus thuringiensis* toxins in transgenic maize. Plos One, 2011, 6(e22629).

[126] Dhurua S, Gujar G T. Field-evolved resistance to Bt toxin Cry1Ac in the pink bollworm, *Pectinophora gossypiella* (Saunders) (Lepidoptera: Gelechiidae), from India. Pest Manag Sci, 2011, 67(8): 898-903.

[127] 李秀平, 姜丽静, 刘娜. 农杆菌介导玉米遗传转化的研究进展. 2011.

[128] 李金红, 付莉, 关晓溪, 等. 根癌农杆菌介导的玉米幼胚遗传转化体系. 沈阳农业大学学报, 2018, 49(3): 266-271.

[129] 沈世华. 玉米基因转化的离体子房注射及其转基因植株的鉴定. 植物学报, 2001(10): 1055-1057.

[130] 渠柏艳, 于海清, 韩兆雪, 等. 可去除选择标记的转 Bt 基因抗虫玉米研究. 分子植物育种, 2004(5): 649-653.

[131] 梁雪莲, 郭平毅, 孙毅, 等. 玉米 3 种非组培转基因方法转化外源 bar 基因研究. 作物学报, 2005(12): 1648-1653.

[132] 丁群星，谢友菊，戴景瑞，等. 用子房注射法将 Bt 毒蛋白基因导入玉米的研究. 中国科学(B 辑 化学生命科学 地学), 1993(7): 707-713.

[133] 周逢勇，戴景瑞，王国英，等. 玉米自交系 P9-10 遗传转化体系的建立. 科学通报, 1998(23): 2517-2521.

[134] 余云舟，金宁一，王罡，等. 用基因枪将 P1 结构蛋白基因转入玉米及其转基因植株再生研究. 沈阳农业大学学报, 2003(6): 423-425.

[135] 万建民. 我国转基因植物研发形势及发展战略. 生命科学, 2011, 23(2): 157-167.

[136] 沈平，章秋艳，林友华，等. 推进我国转基因玉米产业化的思考. 中国生物工程杂志, 2016, 36(4): 24-29.

第**3**章
亚洲玉米螟的生殖与滞育

3.1 亚洲玉米螟生殖特征和交配能力

亚洲玉米螟交配行为一般由雌虫释放性信息素而发起，彼时雌虫趴伏原地，雄虫收到气味信号后主动寻找雌虫，找到后开始交配行为。玉米螟雌蛾内含卵巢（ovary，OV）和输卵管（oviduct，OD），雄蛾内生殖系统包含精巢（testis，TS）、两根输精管（vas deferens，VD）、精囊腺（seminal vesicles，SV）、附腺（accessory glands，AG）、复射精管（ductus ejaculatorius duplexes，DED）和单射精管（primary simplex，PS），还有 1 对附腺囊（accessory glands，AG），同时单射精管非角质化区分为 5 段（PS1～5），PS1 又细分为 5 区（PS1 I ～ V）[1]。亚洲玉米螟交配时雌蛾腹部自然垂下，腹部末端与雄蛾腹部末端相连接交配。雄蛾自然垂直倒下，三对足自然收回弯曲贴近胸部，雌雄蛾整体呈 T 字形，可能更利于雄蛾精包进入雌蛾体内，提高雌蛾生殖力，交配完成后雄蛾离开，雌蛾原地产卵。

玉米螟化蛹后 5～6 天后眼点转黑，蛹体呈红至红褐色，翅斑未见时卵巢开始形成。根据亚洲玉米螟雌性卵巢发育演变时出现的某些特征，将其分为五个级别。一级，卵黄沉积期：羽化后 8h，小管基部有不少半成熟卵，中部及末端的生殖区为透明卵室。中、侧输卵管细且半透明，内无卵，此时期为交配精囊内空瘪。二级，卵粒成熟期：羽化后8～24h，小管基部较细，似乎呈柄状，半成熟卵、成熟卵、卵室三部分在小管内约各占三分之一，成熟卵为椭圆形，排列疏松，后期卵粒开始进入中、侧输卵管，此时期为交配精囊同前一时期。三级，成熟待产期：羽化后25～48h，卵由椭圆形被挤为圆球形至扁球形，后来卵粒间界限不清晰，卵紧密排列在小管基部及中、侧输卵管内，侧输卵管膨大，内有较多卵，小管内无缺卵空室，部分蛾已交配一次，精包白色，附囊内有混浊液体。四级，产卵盛期：羽化后3～5天，小管中部出现淡黄色结节及缺卵空室，后来黄色结节移至小管基部与侧输卵管连接处，小管末端为半成熟卵，常见一个侧输卵管内无卵而另一侧输卵管内有卵，中输卵管内有卵或全排出，大多数蛾已交配一次，个别蛾交配两次，精包为褐色。五级，产卵末期：羽化后6～12天，小管缩短，后期粗细不均匀，仅残留少数变形卵，没有半成熟卵存在，侧输卵管皱缩，内无卵或残留个别变形卵，精包褐色至黑褐色，附囊内干瘪[2]。

3.1.1 影响玉米螟生殖的环境因素

在昆虫生态学中，环境是指在特定空间范围内对昆虫具有影响力的因子的总和，如温度、湿度、重金属、光照等环境因子，与生态环境共存的昆虫受到周围环境的影响和制约就必须改变自身的某些特性以适应环境，其中生长、行为、生殖及死亡率都会受到明显的影响。具有广泛地理分布区域的亚洲玉米螟因栖息地气候条件的差异其某些生物学特性发生了相应的变化，其中生殖力有较为普遍的地理差异现象[3-5]。研究者们对种群的生殖特性开展研究，以此为不同地区准确预测预报其发生和为害程度提供参考。一些有关环境因素对玉米螟成虫交配及产卵的影响，在国外的欧洲玉米螟上已有研究报道。玉米螟属于变温动物，它体型较小、体壁较薄，这使得其与环境间的热交流快，且虫体自我调节体温的能力较差，所以对温度的变化较为敏感。致死高温可使昆虫表皮的蜡质层溶解，破坏表皮的保水机制，并直接影响到体内酶活性和蛋白质的功能，威胁昆虫正常新陈代谢[6]。近二十年间，国内学者通过分析亚洲玉米螟种群动态与当地气象因子的相互关系探明影响亚洲玉米螟寿命、交配和产卵等的环境因素主要是温度和湿度。

近年随着气候变暖，研究发现温度是影响昆虫生长发育和繁殖的关键环境因子之一。据报道，对麦无网长管蚜（*Metopolophium dirhodum*）成虫进行数小时高温处理，当温度超过 36℃时，虫子的寿命和产卵量均随时间的增加而下降[7]。棉铃虫在 36℃高温胁迫下个体出现问题发育从而不能正常进行生殖活动[8]。甜菜夜蛾（*Spodoptera exigua*）交配行为在 25～30℃范围内生殖力达到最大，而 30～40℃下则明显受到抑制，交配高峰期延迟，交配持续的时间缩短[9]。褐飞虱（*Nilaparvata lugens*）经历高温处理后也呈现发育明显延缓且繁殖量也显著降低的现象[10]。绿翅绢野螟（*Diaphania angustalis*）在 25℃时生殖力达到最大，25～30℃范围内生殖力逐渐降低[11]。44℃及以上的短时高温胁迫不利于瓜实蝇（*Bactrocera cucurbitae*）的生长发育，40℃及以上的短时高温胁迫则不利于其繁殖[12]。卵的受精率随温湿度变化的趋势同交配次数基本一致。交配次数少的处理中卵受精率也较低[13]。表明在高温低湿条件下，成虫的交配活动受到显著的抑制，从而使卵的受精率显著下降，产出的卵大多数为未受精卵。当相对湿度为 70%时，成虫交配次数和卵受精率在变温 20～28℃处理中比在恒温 32℃中显著升高，与其他恒温没有显著差异；当相对湿度为 90%～100%时，各处理间成虫交配次数和卵受精率差异均不显著。说明变温和恒温对成虫交配次数和卵受精率的影响大小与相对湿度的高低有关[13]。

对于亚洲玉米螟幼虫，在高温处理后其化蛹率和蛹重显著下降，此外成虫寿命、产卵量和卵孵化率均显著下降[14]。低温下，虽然昆虫寿命和产卵期有所延长，但其性腺正常发育受到影响，求偶以及产卵行为受到抑制进而不能交尾产卵或产卵极少[15]。如玻璃翅叶蝉（*Homalodisca vitripennis*）在温度低于 10℃时将会停止取食，处于滞育状态[16]。稻纵卷叶螟（*Cnaphalocrocis medinalis*）和绿翅绢野螟（*Diaphania angustalis*）的最适产卵温度均为25℃[17]；在16～26℃范围内，埃及伊蚊（*Aedes aegypti*）的产卵量随温度的增加而增加，其中在低温17℃时，卵的孵化率仅为14.83%[18]；对于亚洲玉米螟而言，在24℃和RH 90%～100%的组合中雌性玉米螟产卵量最高，绝大部分卵都能顺利产出，产卵率高达95%以上，由此可见，不同昆虫的产卵习性各异，最适产卵温度也不尽相同。当温度高于或低于24℃时，雌蛾繁殖力都有不同程度的下降，特别是在32℃和RH 20%的高温、低湿组合中极显著急剧下降，其单雌抱卵量最少并且卵的产出率最低，约为最适温湿组合卵产出率的1/21，这表明不适宜的温湿度对卵的形成、发育和产出都有抑制作用，同时低湿可加剧不适温度的抑制作用。变温、恒湿的影响：20～28℃变温与各湿度的组合中单雌抱卵量和产卵量及产出卵率均比恒温湿组合下高，其差异除24℃恒温湿组合外都达到显著或极显著水平，说明一定范围的变温比恒温更有利于成虫产卵繁殖。

玉米螟为变温动物，其体温和很多生理活动均受到外界温度调控。相关研究表明，不同温度条件会影响昆虫的产卵行为[19]。在4～6℃条件下，亚洲玉米螟低温冷藏10天、15天和20天的平均单雌产卵量逐渐减少，卵孵化率随之逐渐降低[20]。温度和湿度的变化对亚洲玉米螟成虫发生发育和生殖影响有一个综合性的作用：成虫的交配次数、寿命、产卵率和卵的受精率间均呈极显著正相关性[19]。研究表明有利于玉米螟成虫产卵和卵的受精的温湿度条件也有利于成虫的交配活动，雄蛾较强的交配活动也可促进雌蛾卵巢中卵的形成和产生。研究者通过试验证明成虫寿命与温湿度密切相关，温度越高，成虫寿命越短；而湿度越高，成虫寿命越长；而成虫的交配活动在24℃与90%～100%的中温高湿条件下频率最高，卵的形成亦最多、发育最快，从而获得大的产卵量和最高的产出卵率，而温度低于或高于24℃、相对湿度低于70%的条件则会产生抑制作用，很可能会阻碍种群的繁衍[21]。变温与恒温对成虫繁殖力及寿命的影响有差异。在适宜温度范围的变温可明显提高产卵量，使成虫寿命延长，因此，在利用温度进行害虫预测预报时应考虑变温的影响，在防治上，也应注意这种现象。

昆虫生命活动的很多过程都与水分紧密相关，不同种类昆虫，环境湿度对他们的影响也各不相同。双翅目幼虫喜欢在潮湿条件下生存，而有些同翅目昆虫如蚜虫则喜欢干燥环境[22]。鳞翅目昆虫生长则更喜欢高湿环境，如麻疯树柄细蛾（*Stomphastis thraustica*）在 75%湿度下卵的孵化率高达 93.33%，湿度为 25%时卵和蛹的发育历期最长[23]。二点委夜蛾（*Proxenus lepigone*）的世代发育历期在湿度为 85%～95%的范围内最短；85%湿度条件下雌、雄寿命最长，产卵量达到峰值[24]。干旱胁迫下，褐飞虱若虫发育期显著延长，若虫存活率、雌成虫体重、单雌产卵量和卵孵化率均减少[25]。白星花金龟（*Protaetia brevitarsis*）成虫在土壤湿度为 15%的条件下产卵量最高，过干或者过湿都不利于成虫产卵[26]。

3.1.2　影响玉米螟生殖的生物因素

昆虫交配行为与其日龄和生殖系统发育密切相关，有研究者发现亚洲玉米螟的交配率在羽化后随着日龄增加而增加，在 5 日龄后玉米螟的交配率显著降低；交配率随配对总数增加而增加，但前期的增加速度显然大于后期[19]。周旭等报道随雌蛾日龄增加，雌蛾交配对数呈先上升后降低的变化趋势，这可能与雌虫卵巢发育或萎缩程度有关[27]。雌蛾孵化后 8～24h 卵巢达到成熟，即可开始正常交配行为，交配率随之逐渐升高，随日龄增加雌蛾卵巢活性逐渐降低，雌蛾生命力也逐渐降低，交配率随之逐渐降低。在其他蛾类中，交配率随日龄增加而下降的现象很常见，这与其生理机能下降直接相关[28]。

鳞翅目昆虫的雌雄成虫交配时，雄虫将含有精液的精包射入雌虫交配囊内，因此可以依据雌虫体内的精包数来判定成虫有效的交配次数[29]。一些研究者对亚洲玉米螟交配次数与玉米螟寿命进行了相关研究，研究表明雌性亚洲玉米螟具有多次交配能力，平均 4.25 次，而雄性亚洲玉米螟交配次数较低，平均 1.91 次。亚洲玉米螟交配次数影响其寿命长短，随着雌性玉米螟交配次数增加，其寿命显著降低，4 次交配后达最高水平，雌性玉米螟寿命与其交配次数存在显著负相关；雄蛾寿命随交配次数增加而延长，存在显著正相关关系[27]。处女雌蛾寿命最长，这可能与雌蛾的存在就是为了保证种群的繁衍有关，多数鳞翅目昆虫雌性成虫在交配后寿命明显降低[30]。但是雄性玉米螟相反，其不具备连续多次交配的能力，随着交配次数增加，它们的寿命明显延长，未交配的雄成虫寿命与交配后的雄成虫寿命有明显差异，3 次交配后达显著水平。这可能与雄蛾体内营养物质调节有关，这与大多数蛾类相似。交配状态和日龄也可影响雌蛾对雄蛾的选择，性成熟的雌蛾表现出对低日龄和未交配的处虫具有偏好性，可以表明此时雄蛾的生殖系统表现良好，有利于交配行为的发生[1,31]。

由此可以看出玉米螟的交配由雌蛾主导，受雌蛾的交配活性影响，这与水稻二化螟相近[32]。2019 年郭前爽等通过研究发现随着二化螟日龄增加，雄性附腺以及第 3 和 4 段非角质化区内含物等级降低，第 5 和 7 段非角质化区内含物未充满比例升高，内含物为白色的比例下降[33]。而冯波等在亚洲玉米螟上的研究却发现日龄对雄性玉米螟的生殖系统内含物等级无明显影响。同时冯波等对交配前后玉米螟生殖器特征进行了调查，交配后 0h 亚洲玉米螟雄蛾，除输精管、精囊腺和附腺囊外，其余生殖器官内含物较未交配雄蛾的均发生显著变化。随着交配后时间的延长，雄性玉米螟生殖器的内含物逐渐恢复，交配后 60h 各器官内含物均恢复到与未交配前相似的状态，但是 PS5 内含物和未交配雄蛾存在差异，直到交配后 228h 仍然表现出断裂等形态特征[34]。利用生殖器内含物可以区别交配不同时间内的已交配和未交配玉米螟雄性，明确性信息素群集诱杀亚洲玉米螟的机理，为蛾类害虫性信息素测报和防治的有效性提供了依据。

联系实际，在亚洲玉米螟的防治上，我们可以通过影响雌雄蛾间的交配地及交配时间，影响雌蛾正常产卵，可以通过控制雌性亚洲玉米螟的交配日提前或延后使其错过与雄性亚洲玉米螟最适交配时间从而降低交配率，减少种群基数，起到有效防治效果。

3.2　亚洲玉米螟产卵方式与产卵能力

亚洲玉米螟是一类植食性昆虫，产卵是其完成个体发育、繁衍后代、维持种群数量的重要生活史环节。在植食性昆虫与寄主植物的协同进化过程中，产卵行为反映了植食性昆虫对寄主植物的选择和利用策略，并深刻影响着昆虫的种群大小、繁衍与演化[35]。植食性昆虫的产卵行为会受到自然界中多种因素的调控，主要包括非生物因素（温度、湿度、光周期等）和生物因素（寄主植物特性、其他昆虫类群等）。环境因素对昆虫产卵行为影响尤为重要。对植食性昆虫的产卵行为进行深入的研究，尤其是其产卵方式、产卵时间、在产卵过程中对寄主植物的识别过程以及影响因素等，对生态系统健康与稳定以及农业经济损失和日后防治玉米螟有积极的参考意义。

在昆虫中，有 40%～50% 的昆虫属于植食性昆虫，常见的有鳞翅目、直翅目、半翅目、鞘翅目等，而不同种类的植食性昆虫产卵策略不同。其中，鳞翅目的蛾类昆虫欧洲玉米螟、亚洲玉米螟一般将卵产在寄主植物叶片背面[36]，直翅目的蝗虫可将卵产在土壤中、半翅目的茶角盲蝽（*Helopeltis theivora*）是为害茶树（*Camellia sinensis*）、可可（*Theobroma cacao*）等植物的重要害虫，常在寄主植物的荚果上产卵[37]；鞘翅目的天牛常在松树皮、树皮缝隙以及木缝中产卵[38]。

3.2.1　影响玉米螟产卵的生物因素

玉米螟雌虫平均寿命为 13.5 天，雄虫寿命为 12.7 天。研究对亚洲玉米螟产卵时间进行分析得出亚洲玉米螟 16:00 开始产卵，24:00 至次日 4:00 产卵量最高[39]。进一步研究结果显示，亚洲玉米螟雄成虫从 21:00 开始活跃，雌成虫的活动高峰期在 23:00 左右，于凌晨 1:00～3:00 为产卵高峰期，随着夜间的推移，产卵行为可持续到 3:00～4:00，但产卵量也随之减少[36]。

对亚洲玉米螟交配地点进行观察发现其偏好叶面上、叶面下、玉米秆等地点，而叶面上、叶秆与网罩处的交配对数相差不明显。交配时间一般为30min[27]。在高粱上，玉米螟偏好在高粱第4～7叶片的背面产卵，产卵的位置与叶片的长度呈正相关[36]。亚洲玉米螟一般喜欢在交配后直接将受精卵产于叶下，在叶面下的产卵量明显高于其他位置，这可能是由于这样的习性能加快后代的繁殖，同时位置隐蔽，降低寄生性天敌寄生的风险，有利于种群繁衍。对不同高粱品种对玉米螟产卵偏好的研究发现，穗型紧实的高粱的穗部受玉米螟为害最重，因紧凑型的穗型为玉米螟幼虫提供安全的庇护所，而中散穗型透光性和通风性更好，不利于幼虫取食[36]。亚洲玉米螟产的卵的排列顺序自上而下，卵块呈长条形鱼鳞状。相对已交配雌虫所产卵块为聚集状，而处女雌蛾产卵为不规则散产且数量较少，这种现象在其他蛾类中也有出现[32]。处女雌蛾出现少量散产卵粒的原因可能与玉米螟卵巢发育速度较快有关，玉米螟雌蛾羽化后28～45h内进入卵巢成熟待产期，羽化后3天进入产卵盛期，处女雌蛾卵巢内待产卵粒数量过多导致未受精卵粒溢出[40]。

生物因素的影响对昆虫产卵行为的调控主要表现在寄主植物的物理特性，比如植物的颜色、大小、表面质地等，以及化学特性，例如植物挥发性有机化合物等[37,41,42]。无论是自然生态系统还是农业生态系统，植物往往不是单株存在，通常和周围生长的同种或异种植物构成种群或群落，形成邻居关系，而植物间形成的邻居关系对与其共存的高一营养级物种具有一定的调节作用[43]。

寄主植物群落内的挥发物的气味动态也会使植食性昆虫产生行为上的变化，即吸引或驱避植食性昆虫[43]。昆虫的繁殖过程中，产卵行为代表着昆虫对生境的搜索和选择，在昆虫与外界环境的信息交流和历代种群繁衍中起着至关重要的作用。植食性昆虫的产卵行为反映了植食性昆虫与植物之间的相互适应关系，在一定程度上体现了植食性昆虫对寄主植物的利用策略[44]。在自然环境中寻找合适的产卵场所对植食性昆虫而言是一项艰巨的任务。植食性昆虫选定产卵寄主植物主要分为三个步骤：首先，植食性昆虫通过视觉或嗅觉发挥作用远距离定位寄主植物；其次，发现并定位寄主植物后，攀登或降落在寄主植物上，与寄主植物相互接触；最后，通过感知寄主植物表面的物理特征确定产卵位置，进行产卵行为（表 3-1）[45-48]。嘈杂的环境对玉米螟产卵有负面影响使其几乎不产卵，相反，安静的环境更适合玉米螟产卵[36]。研究人员推测相较白天而言，夜间的温、湿度更适合卵的附着，也更适合卵的生长发育[49-51]。前期对亚洲玉米螟在不同寄主上的产卵偏好结果表明，其产卵偏好为玉米>酸模叶蓼>葎草>稗草>苘麻[52]。针对亚洲玉米螟对不同寄主植物产卵量的比较总结如表 3-1。

表 3-1　亚洲玉米螟雌蛾在不同寄主植物产卵量比较[52]

寄主植物	卵块数	卵粒数
玉米（Zea mays）	27.67±4.67 a	957.67±75.18
酸模叶蓼（Persicaria lapathifolia）	22.00±2.31 a	421.33±45.18 b
葎草（Humulus scandens）	11.67±0.33 b	348.00±11.79 b
稗（Echinochloa crus-galli）	6.67±0.88 bc	167.67±16.90 c
苘麻（Abutilon theophrasti）	3.67±0.67 c	77.67±17.94 c

3.2.2　影响玉米螟产卵的基因因素

在昆虫中，性别二态性状无处不在，在求偶、生殖和环境适应方面发挥着重要作用，其中性别决定是一个重要的、传统的生物学过程，在鳞翅目动物中，Masculinizer(Masc) 和 doublesex(dsx) 是性别决定的基本基因，在性分化和发育中起着关键作用[53]。OfMasc 和 Ofdsx 基因的突变诱发了玉米螟异常的外生殖器、成体不育，以及包括翅膀色素、基因表达模式和 dsx 性别特异性剪接在内的性双态特征的性别逆转。这些结果表明，Masc 和 dsx 基因是性双态性状中的保守因素，因此是控制 O. furnacalis 和其他鳞翅目害虫的潜在目标基因。然而，Masc 和 dsx 在农业害虫亚洲玉米螟中的分子机制和性别决定功能仍未确定。Bi 等使用 CRISPR/Cas9 基因组编辑系统敲除 OfMasc 和 Ofdsx。OfMasc 的突变诱发了雄性外生殖器缺陷和不育；破坏 Ofdsx 的共同区域引起了外生殖器的性别特异性缺陷和成年不育。这些结果证明了

OfMasc 和 *Ofdsx* 在亚洲玉米螟的性别决定中起着关键作用，并提出了新的遗传控制方法。采用新的遗传控制方法来管理亚洲玉米螟不失为一种好的方法[54]。

3.3 亚洲玉米螟的滞育

滞育是昆虫为适应外界环境的规律性变化而形成的生理和行为机制，也是昆虫在恶劣环境和寄主缺乏到来之间就已经逐渐开始进入发育停止的生理状态。根据滞育的时间不同，滞育过程可分为滞育前、滞育中和滞育后阶段[55]。根据受环境线索控制的程度，滞育策略通常被区分为兼性（facultative）和强制性（obligatory）[56]。强制性的单化性（univoltine）昆虫在不同季节有一次长期滞育或多次短期滞育。半化性（semivoltine）昆虫在不同的年份有多次滞育，滞育持续一年以上，或滞育受一年左右的节律控制。滞育可以发生在任何发育阶段，通常发生在特定物种的阶段和特定季节。卵（胚胎）、幼虫和蛹的滞育可分别清楚地显示出形态发生的暂停。成虫滞育的特点是抑制繁殖，尽管滞育的成虫有时行为也很活跃。昆虫的滞育在生理机制和进化背景上因物种而异，并且滞育没有一致性的规则来定义[56]。适应性机制改变了滞育对包括光周期和热梯度在内的可变局部环境条件的响应以及世代数的差异。玉米螟幼虫滞育开始和持续时间的季节性变化可能会影响成虫的交配世代数[57]。黑龙江地区是亚洲玉米螟一代和二代发生混合区，其中有 10%的玉米螟发生二代，其余均为一代。越冬代玉米螟的化蛹时间高峰期为 6 月下旬，化蛹持续 54～58 天。越冬代成虫发生高峰期一般在 6 月下旬至 7 月中旬，羽化高峰期为 45～52 天。越冬代成虫羽化后，一代卵出现的始盛期为 6 月末，高峰期为 6 月上旬，产卵期约为 40 天。二代产卵高峰期为 8 月上旬末，产卵期约为 20 天。一代卵孵化率显著高于二代卵，卵被寄生率和被捕食率均明显低于二代[58]。第一代幼虫在 7 月初至下旬孵化并经历了自然日照长度的逐渐缩短，从 16 小时 38 分钟到 15 小时 58 分钟（包括黄昏），几乎所有幼虫都进入滞育[59]。本章节综述了亚洲玉米螟滞育的生理控制，并探讨了滞育对亚洲玉米螟生命周期的适应性意义。本章节还讨论了气候变暖对亚洲玉米螟生命周期的影响，该问题可作为未来的研究领域。

3.3.1 影响亚洲玉米螟滞育的相关因素

亚洲玉米螟幼虫通过滞育这种适应性政策，最大限度地忍受长时间的不利气候条件，提高了他们的生存能力，如低温温度、宿主植物的不可用性等地理和环境因素。亚洲玉米螟进入成熟的 5 龄期状态时，由日照和温度等多基因调控的季节性引发滞育。通过脑中枢神经细胞感受环境变化，调节虫体内神经和内分泌活动。与亚洲玉米螟滞育诱导、持续和解除相关的生态因子主要包括温度和光周期，不同地理种群因生态因子的不同决定该害虫发生代数的差异[60]。除此之外，环境湿度、营养状况以及昆虫种群密度等都与其滞育相关[61]。亚洲玉米螟多样的生物学特性使其成为了生态差异和早期物种形成的重要模型，据研究，中国东北地区 45% 以上的亚洲玉米螟具有零度以下耐冻性[62]。同时，研究表明，滞育行为是以不完全显性的方式遗传的，不同滞育终止条件下的交互表现出不同的遗传模式[59]。

不同地理种群亚洲玉米螟的滞育规律发现不同种群的临界光周期各不相同，亚洲玉米螟临界光周期与其分布的地理纬度两者具有线性相关关系。同一地理种群的亚洲玉米螟在不同温度下临界光周期也不相同，如江西南昌种群亚洲玉米螟，25℃、28℃和30℃时临界光周期为 13.5h，而 22℃时临界光周期为 14.5h[63]。亚洲玉米螟滞育解除后发育需要一个寒冷的低温时期，但是后来发现短光照条件下，高温能够抑制亚洲玉米螟诱发滞育[64]。

在野外条件下，亚洲玉米螟的滞育在 11 月至 1 月之间终止，尽管在 20℃实验室条件下测量的氧气消耗量在 10 月至 1 月份保持在较高水平，在 10 月和 11 月甘油含量较低，但在 12 月和 1 月甘油含量大幅增加。作为最丰富的游离氨基酸，丝氨酸在 10 月和 11 月期间在亚洲玉米螟体内的浓度特别高,而丙氨酸的浓度在 12 月和 1 月之间有所增加。在实验室条件下,滞育幼虫和在高温或厌氧条件下驯化的滞育后幼虫的甘油水平较低,而在有氧、低温条件下饲养的滞育后期幼虫的甘油含量较高。研究表明存活率(抗寒性)与甘油含量密切相关,但与丝氨酸或丙氨酸水平无关[62,65]。亚洲玉米螟具有很成熟的抗寒机制,在滞育之后积累甘油使得甘油的水平提升,同时滞育在 11 月至 1 月之间解除[62]。玉米螟是如何在滞育中通过氧气吸收机制调节丝氨酸和甘油浓度的需要进一步研究[65]。

亚洲玉米螟滞育幼虫在滞育持续期的死亡率与相对湿度呈负相关。只有满足其饮水需求,该害虫才能解除滞育而化蛹成功。随饮水次数的增加幼虫化蛹率增高,三次饮水后几乎全部幼虫都可化蛹。食物对亚洲玉米螟幼虫的滞育也很重要,幼虫取食不同食料会表现出不同的滞育率。例如玉米螟幼虫取食玉米雌穗时的滞育率同取食棉花的棉铃和棉茎的滞育率相比显著增高。除此之外,群体密度同样影响亚洲玉米螟的滞育,有关试验结果显示单头饲养的亚洲玉米螟滞育率显著高于群体饲养的滞育率,用人工饲料群体饲养亚洲玉米螟时化蛹率达 71%,而同种饲料条件下将亚洲玉米螟幼虫单头饲养时化蛹率为 45%[57]。血淋巴也是主要的碳水化合物代谢器官,糖原会在脂肪体和血液中转移代谢[55]。3 龄和 4 龄幼虫可能需要更多的糖原磷酸化酶蛋白来降解糖原满足长日照条件下快速增长的能源需求。在长日照条件下蛹中较低的转录水平与其降低的代谢率有关,特别是当它们接近羽化时[55]。

亚洲玉米螟越冬幼虫通过滞育抵抗寒冷逆境,现有研究结果表明除新疆少数地理种群外,低纬度地区亚洲玉米螟种群的抗寒能力不如高纬度地区种群[66]。传统评价昆虫耐寒性有过冷却点(supercooling point,SCP)实验方法[67],但有研究结果认为 SCP 不能作为评价其耐寒强弱的指标,这可能与其测量时期集中而没有在不同月份分时段测量有关。胡志凤等认为分时段多次测定 SCP,得到亚洲玉米螟幼虫滞育阶段过冷却点的最低值能作为昆虫抗寒能力的指标,而张柱亭等认为用低温存活率和 LT_{50} 这两个指标评价亚洲玉米螟耐寒性强弱较为科学，滞育亚洲玉米螟具有较低过冷却点和耐结冰能力，而其过冷却点和冰点的降低是虫体内与生理生化代谢反应相关的水分和小分子物质含量变化的体现，如甘油、海藻糖、糖原以及细胞液内阻止冰晶形成的抗冻蛋白和相关酶类等[68]。亚洲玉米螟滞育之前会进行包括处理体内食物残余、降低体内水分含量等以降低虫体代谢水平的生理准备。脂类物质是在昆虫滞育越冬期间储存的重要能源，低温条件可以诱导亚洲玉米螟幼虫合成脂类物质以提高其抗寒性。在昆虫滞育的不同阶段脂类物质会相应地合成或分解，从而适应环境条件的改变[69]。

3.3.2　调节亚洲玉米螟滞育的相关基因

滞育策略进一步允许这些本地越冬物种在不同纬度的不同种群中经历不同的生命周期。此前对欧洲玉米螟的研究表明，昼夜节律相关基因可能参与了幼虫滞育对季节变化的响应[70]。在亚洲，亚洲玉米螟种群每年产生 1～7 代，并可以分布在中国北部冬季温度低至−10℃的地区；在北方高纬度地区，亚洲玉米螟已经进化出了多种适应策略。在行为上，它在玉米茎钻孔隧道中发育和越冬。在生理上，亚洲玉米螟也进化出了显著的耐寒性和抗冻能力来缓解热应力[62]。这些典型的越冬特征使亚洲玉米螟成为研究鳞翅目动物非迁徙越冬策略的遗传基础的模型。为了探索亚洲玉米螟中涉及耐寒性的相关基因，人们进一步对不同生活条件下的亚洲玉米螟幼虫的转录组进行了取样和测序。由于亚洲玉米螟在低温下发生滞育，人们采用滞育幼虫进行比较，以消除滞育的影响。通过比较来自低温（LT）和室温（RT）的滞育样本，发现了可能由寒冷条件触发的显著差异表达的基因。在试验结果中发现 880 个基因在冷处理后表达显著上调，而 864 个基因表达下调 $[\log_2(FC) < -1$ 和 $\log_{10}(FDR) < 0.05]$ （如图 3-1）。

为了保护虫体免受寒冷造成的伤害，昆虫通常会释放防冻蛋白、冰成核剂和低温保护剂，以阻止体内冰的形成[72]。糖原是昆虫滞育期间的碳水化合物储备。它主要被合成储存在脂肪体中，在滞育期间，

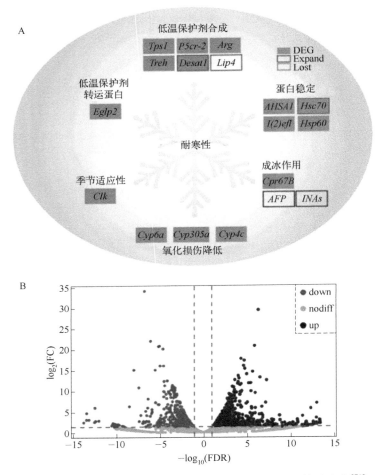

图 3-1 　与亚洲玉米螟耐寒性相关的基因家族进化与转录变化[71]
A. 耐寒相关基因在经历低温和室温后显示基因扩增和上调；B. 低温（LT）中差异表达基因的火山图

它可以发挥两个主要作用：一是将能源转化为葡萄糖或海藻糖以支持基础代谢，二是转化为基于糖的冷冻保护剂分子，如甘油和山梨醇[55]。试验结果发现 5 个低温保护剂合成相关基因（*Tps1*、*Arg*、*Treh*、*Desat1*和 *P5cr-2*）和一个低温保护剂转运体相关基因（*Eglp2*）在冷处理后均表达上调，*Desat1* 和 *Lip4* 在亚洲玉米螟基因组中显著扩增。人们还发现了一个负责冷休克后角质层结构的修饰角质层蛋白（Cpr67B）的表达量显著升高。这些结果揭示了亚洲玉米螟是如何在低温下进行滞育生存的。对亚洲玉米螟转录组分析发现，滞育幼虫中有 880 个基因是显著性上调，864 个基因是显著下调，预示这些基因参与了亚洲玉米螟对寒冷的耐受性[71]。研究结果表明，4 个应激反应相关蛋白 AHSA1、Hsp60、Hsp70 和 I(2)efl 在冷处理后显著上调，提示稳定蛋白可能在亚洲玉米螟中发挥重要作用。此外，减少的氧化损伤相关基因 *Cyp6a*、*Cyp4c* 和 *Cyp305a* 在 LT 中高表达。有趣的是，除以上结果之外，一个昼夜节律基因 *Clk* 在冷处理的幼虫中的表达显著高于室温和低温。由于抗冻是亚洲玉米螟响应季节变化的输出行为，这一新的发现将生物钟与亚洲玉米螟的温度感知和季节适应综合症联系起来[71]。

综上所述，亚洲玉米螟的滞育相关基因的研究为玉米蛀虫的研究提供了重要的技术资源，在害虫防治方面具有广阔的应用价值。这些研究有助于开发控制温带地区越冬害虫的分子靶点。

参考文献

[1] 许竟文. 日龄和交配状态对亚洲玉米螟雌蛾生殖适合度与雄蛾内生殖系统特征的影响. 沈阳: 沈阳农业大学, 2020.

[2] 钱仁贵. 玉米螟卵巢解剖及应用初报. 昆虫知识, 1982(05): 15-17.

[3] Barlow C A. Key factors in the population dynamics of the European corn borer, *Ostrinia nubilalis* (Hbn). Congr Entomol Proc Int, 1971, 13: 472-473.

[4] 刘德均, 袁金昌, 金顺发. 应用多因素相关法预测玉米螟第一代成虫发生期. 植物保护学报, 1986, 13 (2): 90+78.

[5] 涂小云, 陈元生, 夏勤雯, 等. 亚洲玉米螟成虫寿命与繁殖力的地理差异. 生态学报, 2012, 32(13): 4160-4165.

[6] 杜尧, 马春森, 赵清华, 等. 高温对昆虫影响的生理生化作用机理研究进展. 生态学报, 2007, 4: 1565-1572.

[7] Chun-Sen M A, Bernhard H, Hans-Michael P. The effect of heat stress on the survival of the rose grain aphid, *Metopolophium dirhodum* (Hemiptera: Aphididae). European Journal of Entomology, 2004: 327-331.

[8] 郭慧芳, 陈长琨, 李国清, 等. 高温胁迫对雄性棉铃虫生殖力的影响. 南京农业大学学报, 2000, 1: 30-33.

[9] 王竑晟, 徐洪富, 崔峰, 等. 高温处理对甜菜夜蛾雌虫成虫期生殖力及卵巢发育的影响. 西南农业学报, 2006, 5: 916-919.

[10] Piyaphongkul J, Pritchard J, Bale J, et al. Heat stress impedes development and lowers fecundity of the brown planthopper *Nilaparvata lugens* (Stål). PLoS One, 2012, 7(10): e47413.

[11] 晁雪庭. 环境因子对绿翅绢野螟生长发育和繁殖的影响. 南宁: 广西大学, 2019.

[12] 顾祥鹏, 黄禹禹, 张金永, 等. 短时高温胁迫对瓜实蝇生长发育和繁殖的影响. 植物保护, 2021, 47(1): 8.

[13] 钟春兰, 刘子航, 朱地福, 等. 光因子对蛾类昆虫交配率和产卵量的影响. 生物灾害科学, 2021, 44(3): 332-336.

[14] 韩永旭. 高温对亚洲玉米螟生长发育和繁殖的影响. 沈阳: 沈阳农业大学, 2017.

[15] 王竑晟. 温度和营养对甜菜夜蛾生殖的影响. 泰安: 山东农业大学, 2003.

[16] Youngsoo S, Groves R L, Daane K M, et al. Estimation of feeding threshold for *Homalodisca vitripennis* (Hemiptera: Cicadellidae) and its application to prediction of overwintering mortality. Environmental Entomology, 2010, 39(4): 1264-1275.

[17] 陈萍. 稻纵卷叶螟在水稻和玉米上的适合度与产卵选择. 北京: 中国农业科学院, 2021.

[18] Ahmed M, Pollak N M, Hugo L E. Rapid molecular assays for the detection of the four dengue viruses in infected mosquitoes. Gates Open Res, 2022, 6(81): 2572+4754.

[19] 冯波, 张万民, 张丹, 等. 亚洲玉米螟交配率和交配次数与其日龄、性比和精巢大小的关系. 昆虫学报, 2020, 63(01): 54-62.

[20] 徐伟丽, 袁忠林, 刘兆良, 等. 低温冷藏对亚洲玉米螟蛹发育及成虫繁殖力的影响. 青岛农业大学学报(自然科学版), 2016, 33(4): 247-249.

[21] 文丽萍, 王振营, 宋彦英, 等. 温、湿度对亚洲玉米螟成虫繁殖力及寿命的影响. 昆虫学报, 1998, 1: 71-77.

[22] 张魁艳, 安淑文, 杨定. 双翅目昆虫翅的退化. 昆虫知识, 2006, 2: 274-278.

[23] 蒋素容. 温度和湿度对麻疯树柄细蛾实验种群生长发育及繁殖的影响. 成都: 四川农业大学, 2011.

[24] 李哲. 湿度对二点委夜蛾生长发育的影响及其成、幼虫引诱物质的初步研究. 保定: 河北农业大学, 2014.

[25] 于莹, 徐红星, 郑许松, 等. 在高温下干旱胁迫对褐飞虱生态适应性的影响. 植物保护学报, 2013, 40 (3): 193-199.

[26] 杨诚, 张倩, 刘玉升. 营养和湿度对白星花金龟成虫生殖的影响. 山东农业大学学报(自然科学版), 2014, 45(4): 498-501.

[27] 周旭, 陈日曌. 亚洲玉米螟的交配行为与繁殖生物学特性研究. 东北农业科学, 2022,

47(06): 89-93.

[28] Fadamiro H Y, Baker T C. Reproductive performance and longevity of female European corn borer, *Ostrinia nubilalis*: effects of multiple mating, delay in mating, and adult feeding. J Insect Physiol, 1999, 45(4): 385-392.

[29] Burns J M. Mating frequency in natural population of skippers and butterflies as determined by spermatophore counts. Proceedings of the National Academy of Sciences, 1968, 61(3): 852-859.

[30] 张诗语, 李冬, 曾菊平, 等. 蛾类雄虫交配史对雌虫生殖适合度影响: Meta 分析. 生态学杂志, 2016, 35(2): 551-558.

[31] Schlaepfer M A, McNeil J N. Are virgin male Lepidopterans more successful in mate acquisition than previously mated individuals? A study of the European corn borer, *Ostrinia nubilalis* (Lepidoptera: Pyralidae). Canadian Journal of Zoology, 2000, 78(11): 2045-2050.

[32] 焦晓国, 宣维健, 盛承发, 等. 水稻二化螟的交配行为. 生态学报, 2006(4): 1110-1115.

[33] 郭前爽, 王春荣, 宋显东, 等. 日龄和交配状态对二化螟雄蛾内生殖器特征的影响. 昆虫学报, 2019, 62(7): 838-848.

[34] 冯波, 张万民, 张丹, 等. 日龄和交配状态对亚洲玉米螟雄蛾内生殖器特征的影响. 昆虫学报, 2020, 63(3): 317-326.

[35] Carrasco D, Larsson M C, Anderson P. Insect host plant selection in complex environments. Curr Opin Insect Sci, 2015, 8: 1-7.

[36] 王连霞. 高粱田玉米螟发生特点. 现代化农业, 2020, 11(496): 3.

[37] 董子舒, 张玉静, 段云博, 等. 植食性昆虫产卵寄主选择影响因素及机制的研究进展. 南方农业学报, 2017, 48(5): 7.

[38] 王立超, 陈凤毛, 董晓燕, 等. 松墨天牛取食和产卵特性研究. 南京林业大学学报, 2021, 47(2): 6.

[39] 谢为民, 王蕴生. 玉米螟成虫习性观察. 植物保护, 1993, 5: 17-18.

[40] 钱仁贵. 玉米螟卵巢解剖及应用初报. 昆虫知识, 1982(05): 15-17.

[41] 李文德, 王秀珍. 玉米螟与寄主植物的关系. 植物保护, 1981(01): 10-11.

[42] 杜袁文, 陈功. 蚜虫寄主识别与搜索的研究进展. 华中昆虫研究, 2019, 15(00): 113-138.

[43] 徐建亚. 春玉米不同栽培方式对亚洲玉米螟的影响. 安徽农业科学, 2003, 31(3): 356-357+359.

[44] 陈海波. 杂交杨混交人工林的抗虫性及其机制研究. 北京: 中国林业科学研究院, 2022.

[45] 袁志华, 王文强, 王振营, 等. 亚洲玉米螟的寄主植物种类. 植物保护学报, 2015, 42(06): 957-964.

[46] 袁志华, 郭井菲, 王振营, 等. 亚洲玉米螟幼虫对不同寄主植物的取食选择性. 植物保

护学报, 2013, 40: 205-210.

[47] 叶志华. 亚洲玉米螟幼虫期取食不同寄主植物对成虫飞翔能力的影响研究. 中国农业科学研究院, 中国农业科学院, 1994.

[48] 王文强. 亚洲玉米螟在东北地区寄主植物的研究. 北京: 中国农业科学院, 2015.

[49] 程志加, 孙嵬, 高月波, 等. 东北地区三代黏虫玉米田为害行为研究. 应用昆虫学报, 2018, 55(5): 849-856.

[50] 舒金平, 滕莹, 张爱良, 等. 竹笋基夜蛾的求偶及交配行为. 应用生态学报, 2012, 23(12): 3421-3428.

[51] 罗礼智, 曹卫菊, 钱坤, 等. 甜菜夜蛾交配行为和能力. 昆虫学报, 2003, 4: 494-499.

[52] 张文璐, 王文强. 亚洲玉米螟雌蛾产卵偏好寄主植物的筛选及对菵草挥发性化学成分的电生理反应. 昆虫学报, 2018, 61(2): 224-231.

[53] Yang X, Chen K, Wang Y, et al. The sex determination cascade in the silkworm. Genes, 2021, 12(2): 315.

[54] Bi H, Li X, Xu X, et al. *Masculinizer* and *Doublesex* as key factors regulate sexual dimorphism in *Ostrinia furnacalis*. Cells, 2022, 11(14): 2161.

[55] Guo J, Zhang H, Edwards M, et al. Expression patterns of the glycogen phosphorylase gene related to larval diapause in *Ostrinia furnacalis*. Archives of insect biochemistry and physiology, 2016, 91(4): 210-220.

[56] Numata H, Shintani Y. Diapause in univoltine and semivoltine life cycles. Annual review of entomology, 2023, 68: 257-276.

[57] Wang Y, Kim K S, Li Q et al. Influence of voltine ecotype and geographic distance on genetic and haplotype variation in the Asian corn borer. Ecology and evolution, 2021, 11(15): 10244-10257.

[58] 侯月敏, 宋显东, 王振, 等. 哈尔滨市郊区亚洲玉米螟发生规律与卵块空间分布研究. 植物保护, 2018, 44(4): 151-157.

[59] Fu S, Chen C, Xiao L, et al. Inheritance of diapause in crosses between the northernmost and the southernmost strains of the Asian corn borer *Ostrinia furnacalis*. Plos One, 2015, 10(2): e0118186.

[60] 郭建青, 张洪刚, 王振营, 等. 光周期和温度对亚洲玉米螟滞育诱导的影响. 昆虫学报, 2013, 56: 996-1003.

[61] 靳军灵, 鲁新, 李丽娟, 等. 水分对亚洲玉米螟越冬幼虫化蛹的影响研究. 玉米科学, 2011, 19: 128-131.

[62] Xie H C, Li D S, Zhang H G, et al. Seasonal and geographical variation in diapause and cold hardiness of the Asian corn borer, *Ostrinia furnacalis*. Insect Sci, 2015, 22(4): 578-586.

[63] 杨慧中，涂小云，夏勤雯，等. 亚洲玉米螟生物学特性的研究. 江西农业大学学报，2014, 36: 91-96.

[64] 王建斌，樊永亮. 温度周期对诱发亚洲玉米螟滞育的影响. 山西大学学报(自然科学版)，1995: 436-440.

[65] Michiya Got Y S, Hitoshi O, Mikio H, et al. Relationships between cold hardiness and diapause, and between glycerol and free amino acid contents in overwintering larvae of the oriental corn borer, *Ostrinia furnacalis*. Journal of Insect Physiology, 2001, 47: 157-165.

[66] 何康来，赵廷昌，文丽萍，等. 不同地理种群亚洲玉米螟抗寒力研究. 植物保护学报，2005: 163-168.

[67] 景晓红，康乐. 昆虫耐寒性的测定与评价方法. 昆虫知识，2004: 7-10.

[68] 张柱亭，孙嵬，胡志凤，等. 东北地区亚洲玉米螟野生滞育幼虫耐寒性研究. 应用昆虫学报，2013, 50: 1348-1353.

[69] Sushchik N N, Yurchenko Y A, Gladyshev M I, et al. Comparison of fatty acid contents and composition in major lipid classes of larvae and adults of mosquitoes (Diptera: Culicidae) from a steppe region. Insect Sci, 2013, 20(5): 585-600.

[70] Kozak G M, Wadsworth C B, Kahne S C, et al. Genomic basis of circannual rhythm in the European corn borer moth. Curr Biol, 2019, 29(20): 3501-3509 e3505.

[71] Fang G, Zhang Q, Chen X et al. The draft genome of the Asian corn borer yields insights into ecological adaptation of a devastating maize pest. Insect biochemistry and molecular biology, 2021, 138: 103638.

[72] Duman J G. Animal ice-binding (antifreeze) proteins and glycolipids: an overview with emphasis on physiological function. J Exp Biol, 2015, 218(12): 1846-1855.

第 4 章
玉米螟基因组分析

4.1 亚洲玉米螟的基因组

在中国，亚洲玉米螟是对玉米最具破坏性的重要害虫，研究它的生活习性、为害状、防治策略等都离不开对其生理学和基因组学的深入挖掘。近几年来，生物信息学技术迅速发展，特别是新一代测序技术具有的低成本和高效的特点大大促进了昆虫生物信息学分析和昆虫关键基因筛选的发展。依据基因组测序，研究者们建立了一系列昆虫基因组数据库。亚洲玉米螟基因组的测序成功为我们分析其功能性基因提供了扎实的分析平台并建立了遗传学和分子生物的研究基础[1]。

随着测序技术的快速更迭与生物信息学的日渐成熟，昆虫基因组学突飞猛进。测序技术根据发展历程可分为三代，包括以 Sanger 测序技术为代表的，以双脱氧链终止法为原理的一代测序；以 Illumina 公司的 Solexa 和 ABI 公司的 SOLiD 技术为代表的二代测序，以及以 PacBio 公司的 SMRT 技术为代表的单分子测序技术的三代测序。尽管研究人员对亚洲玉米螟的杀虫剂抗性、性信息素识别和季节适应性具有广泛的兴趣，但缺乏可用于参考的基因组信息和高效的基因编辑方法阻碍了这些方面的深入研究，而随着测序技术的发展，越来越多的昆虫的生物数据通过转录组、基因组、蛋白组和代谢组的测量得以展现在研究人员面前。

Fang 等使用采自上海浦东的亚洲玉米螟实验室五代近交品系作为实验对象，提取基因组 DNA 构建了两个短插入配对文库（500bp和 800bp）和三个长插入配对文库（3kb、8kb 和 12kb），并在 Illumina测序平台上进行了测序。利用 Jellyfish v2.2.10 的 500bp 配对端文库测序数据，通过 k-mer 分布分析估计亚洲玉米螟的基因组大小[2]。使用134.1Gb 清晰的 Illumina 测序短读序列（覆盖 300 倍）组装参考基因组，使用 Platanus_trim v1.0.7 过滤掉低质量的原始短读序列[3]，将 110.0Gb清晰的 Illumina 数据进行全基因组组装，首先使用 DiscovarDeNovo 将短序列组装成重叠群，利用 Scaffmatch v3 将片段重叠群与配对库进一步组装成骨架序列[4]。最后使用 GapCloser（可以在 SOAPdenovo 中获得）对支架序列的间隙进行短读序列填充[5]。通过核心真核基因作图方法（CEGMA v2.5）分析评估组装基因组的完整性[6]，使用 248 个核心真核基因和基准通用单拷贝同源序列（BUSCO v3.0.2）与 insecta_odb9 的 1658 个同源基因[7]。最终，Fang 等根据 k-mer 分布估计出了亚洲玉米螟的基因组大小为 516Mb。杂合度约为 0.5%，通过组装大约300 次测序数据，我们得到了一个 455.7Mb 的亚洲玉米螟基因组草图，N_{50} 大小为 0.58Mb（见表 4-1）。质量评估显示，组装的基因组恢复了几乎完整的基因内容，即在基因组中发现了大约 99% 的核心真核生物基因和 98% 的昆虫通用基因（表 4-1）。亚洲玉米螟转录组测序片段的高测序率（94%）进一步支持了基因组的完整性，Fang 等鉴定了 31.6%的基因组序列作为潜在的重复元件，并预测了 16645 个蛋白质编码基因作为官方共识基因集（表 4-1）。在该基因集中，共有 15700 个基因具有转录组证据，14276 个基因具有相对于家蚕（*Bombyx mori*）的同源性证据，亚洲玉米螟潜在特异性基因的比例为 3.8%。

表 4-1 亚洲玉米螟基因组组装和注释的统计[1]

	统计项目	亚洲玉米螟
基因组组装	组装大小/Mb	455.7
	基因支架数目	7772
	基因支架 N_{50}/kb	579
	重叠序列数目	192005
	重叠序列 N_{50}/kb	5.7
基因注释	蛋白质编码	16645
质量控制	CEGMA[a] 部分分析/%	98.79
	CEGMA[a] 完整分析/%	86.69
	BUSCO[b] 部分分析/%	98.6
	BUSCO[b] 完整分析/%	97.7
转座子	重复序列/%	31.6

a 代表 248 核心真核基因；b 代表 1658 昆虫通用单拷贝基因。

Fang 将亚洲玉米螟的基因库与其他 10 个公开的鳞翅目物种的基因组进行了比较。相比蝴蝶，飞蛾在鳞翅目中包含了更多的进化亚支[8-10]。我们基于 1432 个单拷贝同源基因进行系统发育分析，可以帮助理解蝴蝶和飞蛾之间的多样化[11,12] [图 4-1（A），另见彩色插页]。此外，研究者还鉴定了 634 个亚洲玉米螟特异性基因，这些基因在一些数据库中没有标注，包括无脊椎动物 RefSeq 数据库、UniProt 数据库、UniRef50 数据库、家蚕（*Bombyx mori*）和黑腹果蝇（*Drosophila melanogaster*）数据库。在 634 个亚洲玉米螟特异性基因中，232 个基因具有基于转录组的证据。有趣的是，大多数基因被发现只在一个发育阶段表达，这表明这些物种特异性基因在亚洲玉米螟中可能具有独特的作用 [图 4-1（B），另见彩色插页]。高表达的亚洲玉米螟特异性基因是精确有效地控制亚洲玉米螟种群的潜在靶点。

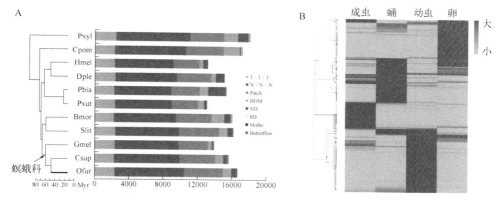

图 4-1　亚洲玉米螟的生物学特性与基因组进化[1]

A. 11 种鳞翅目昆虫的系统发育分析；B. 232 个亚洲玉米螟特异性基因的表达谱

Myr 表示百万年；Pxyl, *Plutella xylostella* 小菜蛾；Cpom, *Cydia pomonella* 苹果蠹蛾；Hmel, *Heliconius melpomene* 红带袖蝶；Dple, *Danaus plexippus* 黑脉金斑蝶；Pbia, *Papilio bianor* 碧凤蝶；Pxut, *Papilio xuthus* 柑橘凤蝶；Bmor, *Bombyx mori* 家蚕；Slit, *Spodoptera litura* 斜纹夜蛾；Gmel, *Galleria mellonella* 大蜡螟；Csup, *Chilo suppressalis* 二化螟；Ofur, *Ostrinia furnacalis* 亚洲玉米螟；蛾和蝴蝶分别用黑色和蓝色字体表示，每个节点都进行了 100 次 bootstrap 重复，黑色箭头指示螟蛾科；"1∶1∶1"表示在不同物种中普遍存在单拷贝基因；"N∶N∶N"代表不同物种的多拷贝基因；"SD"表示物种特有的重复基因；"Patch"包括其余未分类的同类；"HOM"表示没有同源，但检测到部分同源 E<1 e-5；"ND"表示物种特有的基因；"Moths"表示只在 4 种蝴蝶，而不在 7 种飞蛾存在的同源基因；"Butterflies"代表仅在 7 种蛾类而不是 4 种蝴蝶中存在的同源基因；聚类分析使用"Morpheus"进行

　　亚洲玉米螟和其他玉米螟的一个显著生物学特征是它们的季节适应性。在不同的鳞翅目昆虫物种间，具有高度多样化的季节性适应策略[13,14]。许多物种为了逃离不利的环境和气候而迁徙，例如帝王蝶，每年在北美与墨西哥之间迁徙[15]，斜纹夜蛾沿着印度南部—中国南部—日本的路线迁徙[16]。相比之下，玉米螟会利用本地越冬的策略，而不是进行长距离迁徙[17]。它们可以耐受极端的条件，如食物短缺和低温，在幼虫后期经历滞育[18]。滞育策略进一步使得这些本地越冬的玉米螟种群在不同纬度中经历高度不同的生命周期。此前对欧洲玉米螟的研究表明，昼夜节律相关基因可能参与其幼虫滞育以应对季节变化[19]。亚洲玉米螟种群在亚洲每年繁殖 1～7 代，在其分布的中国北方，冬季温度低至-10℃[20]，为了生活在北半球高纬度地区，亚洲玉米螟进化出了多种适应策略。在行为上，它在玉米茎秆的孔洞中滞育和越冬。在生理学上，亚洲玉米螟也进化出了显著的耐寒性以缓解热应激（温

度应力）[20]。这些典型的越冬特征使亚洲玉米螟非常适合成为研究鳞翅目昆虫非迁移越冬策略的遗传基础的模型。

众所周知，昆虫对寄主寻找和选择主要依靠与化学感受相关基因的调控。这些基因家族一般包括气味受体（ORs）、味觉受体（GRs）、离子受体（IRs）、气味结合蛋白（OBP）和化学感觉蛋白（CSPs）[21]。为了探索这种多食性害虫取食偏好的分子基础，Fang 注释了化学信号受体相关基因家族的完整基因集，在亚洲玉米螟的基因组中鉴定出 54 个 ORs，105 个 GRs，40 个 IRs，39 个 OBPs 和 20 个 CSPs（图 4-2）。与其他鳞翅目动物相比，我们注意到亚洲玉米螟基因组编码的 GRs 要比一些蝴蝶和一些食性单一的蛾类多得多，其他化学接受基因家族（OR、IR、OBP 和 CSP）的基因数量则与鳞翅目其他昆虫差异不大，说明这些化学信号受体基因家族在鳞翅目中一直保持在相对保守的水平。

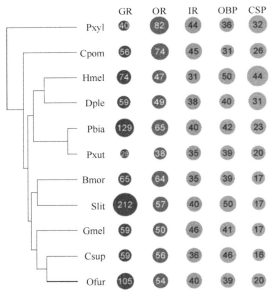

图 4-2　11 种鳞翅目昆虫基因组中化学感觉相关基因家族的计数[1]

OR—嗅觉受体；GR—味觉受体；IR—离子感受器；OBP—气味结合蛋白；CSP—化学感觉蛋白

在过去的 20 年间，表达 Bt 毒素的转基因作物已被成功应用于控制一系列农业害虫[22-24]。然而，由于靶标害虫对毒素产生了适应性进化，Bt 作物的长期运用受到巨大挑战[25-29]。Bt 作物的田间抗性在玉米螟中尤其明显，野外采集的以转基因 Bt 作物为食的欧洲玉米螟已被证明对 Bt 毒素产生了抗性[30,31]；在喂食人工饲料时，亚洲玉米螟在实验室中也产生了对 Cry1A 毒素的高水平抗性[32]。了解害虫对 Bt 抗性的分子基础将有利于 Bt 转基因作物的商业化种植，同时也可以解决其他杀虫剂的抗药性问题。害虫的解毒作用对化学农药与生物农药的使用有很大的影响，解毒作用包括了对植物次生代谢物与化学制剂的降解与代谢[33,34]，在植食性害虫中尤为重要，因此 Fang 在亚洲玉米螟和其他鳞翅目昆虫的基因组序列中注释了与解毒相关的基因以及 *Bt* 受体基因（图 4-3）[1]。

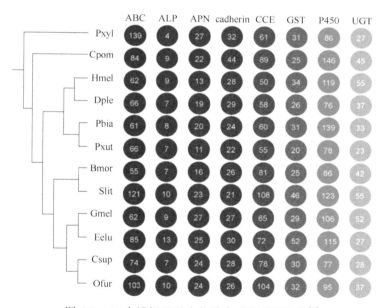

图 4-3　11 个鳞翅目昆虫物种中解毒基因数量[1]

Pxyl，*Plutella xylostella* 小菜蛾；Cpom，*Cydia pomonella* 苹果蠹蛾；Hmel，*Heliconius melpomene* 红带袖蝶；Dple，*Danaus plexippus* 黑脉金斑蝶；Pbia，*Papilio bianor* 碧凤蝶；Pxut，*Papilio xuthus* 柑橘凤蝶；Bmor，*Bombyx mori* 家蚕；Slit，*Spodoptera litura* 斜纹夜蛾；Gmel，*Galleria mellonella* 大蜡螟；Eelu，*Ephestia elutella*，烟草粉螟；Csup，*Chilo suppressalis* 二化螟；Ofur，*Ostrinia furnacalis* 亚洲玉米螟；cadherin，钙黏蛋白

昆虫解毒相关基因家族主要包括细胞色素 P450 单加氧酶（P450）、羧酸酯酶（CCE）、谷胱甘肽 S 转移酶（GST）、三磷酸腺苷结合盒转

运蛋白（ABC）、葡糖醛酸转移酶（UGT）、氨肽酶 N（APN）、碱性磷酸酶（ALP）和钙黏蛋白。在亚洲玉米螟基因组中共鉴定出 95 个 P450、104 个 CCE、37 个 UGT、32 个 GST、103 个 ABC、24 个 APN、10 个 ALP 和 26 个钙黏蛋白（图 4-3）。与其他鳞翅目昆虫相比，与解毒最相关的基因家族在物种之间表现出微小的差异（图 4-3），这表明解毒基因可能在这些物种中相当保守并能够对广泛的化合物做出反应。此外，研究人员注意到亚洲玉米螟基因组在 ABC 和 CCE 家族中编码的基因显著多于所分析的其他螟蛾科昆虫。亚洲玉米螟基因组中有 103 个 *ABC* 基因和 104 个 *CCE* 基因，它们的数量高于大多数已分析的鳞翅目昆虫，仅略低于小菜蛾和斜纹夜蛾。这两个基因家族的扩展可能赋予了亚洲玉米螟在寄主适应中独特的代谢过程，尽管这两个基因的功能作用还需要进一步研究。

关于抗性机制的研究和探索是农业种植和科技发展中为推动转基因作物的长效发展和 Bt 生物农药的合理利用迫切需要解决的科学问题，并为害虫综合治理决策提供重要理论和实践指导。为了研究亚洲玉米螟幼虫 Bt 抗性基因，Fang 整合了转录组与基因组数据，对 Cry1Ab 抗性与 Bt 敏感品系亚洲玉米螟中出现差异表达的推定的受体进行了分析，并在火山图上标记了出来，发现几个与解毒相关的基因家族，包括 P450、CCE、ABC、GST、UGT 和 ALP，在 Bt 抗性品系中上调[1]。此前已有报道，在 ABC 转运蛋白中插入单个酪氨酸可以使烟芽夜蛾对 Cry1Ac 毒素产生一万倍以上的抗性[35]，并且 ABC 转运蛋白在 Sf9 细胞上的表达可以使它们对 Cry1Ac 毒素敏感[36]。最近的一项研究发现，ABCC2 与 Cry1Fa 毒性有关，但与 Cry1A 毒素的毒性无关[37]。ABCC2 在 Bt 抗性品系中的功能也在 *B. mori* 中得到了证明，在 Bt 抗性品系中，单个氨基酸的插入可以导致暴露于 Cry1Ab 和 Cry1Ac 后的细胞肿胀，但不会导致 Cry1Aa 的作用[38]。虽然 ABCC 亚家族转运蛋白已被证明与不同鳞翅目昆虫对 Cry 毒素的抗性有关，但 ABC 亚家族蛋白在亚洲玉米螟中是否存在相同作用还没有得到充分的研究。相应的，通过分析亚洲玉米螟的 103 个 ABC 家族基因（图 4-3），我们发现 ABCA 亚家族明显扩大。此外，研究人员还发现 ABCC 亚家族的基因没有扩大，表达水平变化较小。而 2 个 ABCA 转运体（OfOGS00423 和 OfOGS17011）在 Cry1Ab 抗性品系的表达量显著降低了。此外，1 个 ABCB 转运蛋白（OfOGS04891）、3 个 ABCG 转运蛋白（OfOGS11659、OfOGS05361 和 OfOGS05362）和两个 APN（OfOGS14748 和 OfOGS03439）也在 Cry1Ab 抗性品系中显著降低了表达量，研究人员还在 103 个 *ABC* 基因中研究了 Bt 抗性的特异性位点或缺失突变，发现了 41 个 ABC 转运蛋白基因共显示了 172 个 Bt 抗性特异性位点，这些基因不存在插入突变，只有 OfOGS07447 和 OfOGS09568 这两个基因出现了氨基酸序列变化，这意味着 *ABC* 基因在进化上很保守（图 4-3）。

Bt 抗性的形成与受体基因的突变、氨基酸缺失、蛋白表达量下调有关[39]。与抗性调控相关的蛋白主要包括钙黏蛋白、APN、ALP、V-ATP 酶和 ABC 转运蛋白等[40]。通过对亚洲玉米螟转录组数据分析，编码 Bt 毒素假定受体的重复基因在解毒和代谢过程中发挥重要作用，在抗 Bt 亚洲玉米螟品系中显著富集（图 4-4，另见彩色插页）。8 个 APN（OfOGS00180、OfOGS00181、OfOGS00211、OfOGS00212、OfOGS00213、OfOGS00214、OfOGS00215、OfOGS00216）；7 个 CCE（OfOGS02183、OfOGS12905、OfOGS16991、OfOGS09869、OfOGS09873、OfOGS04937、OfOGS06581）；7 个 P450（OfOGS04775、OfOGS08504、OfOGS08498、OfOGS07906、OfOGS07908、OfOGS00485、OfOGS05063）；2 个 ABC 转运蛋白（OfOGS09027、OfOGS09597），1 个 ALP（OfOGS08551）在抗 Bt 亚洲玉米螟品系中表达量显著高于敏感品系。

此外在抗 Bt 亚洲玉米螟品系中，钙黏蛋白的转录水平下降了，这与此前关于钙黏蛋白表达量下降将影响昆虫肠道结合 Cry 毒蛋白的能力的报道一致[41]，钙黏蛋白的隐性等位基因（*Bt-R4*）表达中断导致烟芽夜蛾对 Cry1Ac 产生了 40%～80% 的抗性，这也证明了钙黏蛋白在 Bt 蛋白活性化过程中的作用是解毒。通过对 Cry 毒素抗性相关的基因进行注释，特别是对转基因 Bt 作物和农药抗性相关的 ABC 转运蛋白和其他传统受体的数据进行分析，可以为理解 Cry 毒素抗性的机制提供新的见解，为筛选用于防治亚洲玉米螟的靶基因打下良好基础。

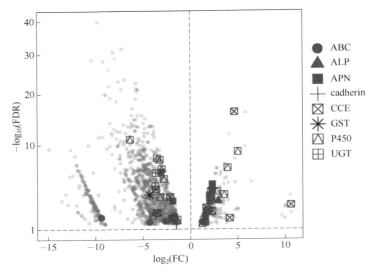

图 4-4　Cry1Ab 抗性(AbR)和敏感(BtS)菌株差异表达基因的火山图[1]

每个圆点代表一个基因［log$_2$(FC)>1，在亚洲玉米螟 Cry1Ab 抗性品系中基因上调；log$_2$(FC)<−1，在亚洲玉米螟 Bt 敏感品系中基因上调］，不同颜色的符号表示解毒相关基因和预测的 Bt 受体

4.2　玉米螟的相关基因家族

4.2.1　Bt 抗性相关基因家族

Bt 的杀虫活性成分来源于产孢过程中的伴孢晶体（parasporal crystal），在世界范围内科学家们的努力下，目前已鉴定了 294 个 Cry 毒素，其中 Cry1A 类毒素对鳞翅目害虫具有极高的防控作用，对 Bt 作用机制的研究也主要建立在 Cry1A 类毒素上[40,42]。

关于 Cry 毒素如何在昆虫体内发生毒杀作用的机制主要有三种假说：①穿孔模型认为，Bt 芽孢在孢子萌发期产生的 70～130kDa 的伴孢晶体蛋白以及芽孢均具有一定的活性。孔洞/顺序结合模式认为杀虫

晶体蛋白被摄入后在虫体肠道中的碱性环境下溶解，而被水解激活，
55～65kDa 的核心活化毒素与中肠上皮细胞中肠刷状缘膜囊泡脂筏上
的受体蛋白氨肽酶 N 及碱性磷酸酶结合、聚集，而后，再次与钙黏蛋
白受体结合，使得毒蛋白的构象发生改变，发生寡聚化，再与氨肽酶
N 及碱性磷酸酶结合进而插入上皮细胞，使得细胞膜产生孔洞并裂解，
最终导致昆虫死亡[43-47]。活化的毒素与钙黏蛋白和氨肽酶 N 的"乒乓"
受体结合模式对穿孔模型的作用细节作出了描述[48]。②信号传导模式
完全不同于孔洞模式，其认为活化的杀虫蛋白特异地结合了钙黏蛋白
并激活 Mg^{2+} 诱导的信号传导通路，刺激 G 蛋白和腺苷酸环化酶在胞内
的表达，引发细胞骨架重排、离子流动等一系列变化导致细胞死亡[49]。
③后期出现了肠道共生菌与毒素在鳞翅目中的杀虫作用相关的第三种
假说[50]。由于结论不具备通用性，学者称共生菌与 Bt 毒素作用机制
的直接关系有待进一步探讨[50-52]。

4.2.1.1　氨肽酶 N

氨肽酶 N（aminopeptidase N，APN）是一类锌依赖性内源性蛋白
酶，可以裂解多肽 N 端，释放单个氨基酸[45]，它在多种动物体内发挥
多种作用，在鳞翅目幼虫体内可与内肽酶和羧肽酶合作，消化来自昆
虫饮食的蛋白质[53]。除了有在昆虫消化系统内作用的研究外，APN 作
为 Cry 毒素的受体而受到广泛研究，自从首次发现 Cry 毒素可与 APN
结合以来[54]，许多 APN 类基因被鉴定与分离，根据系统发育分析，
APN 被分为 5 个不同的类别，目前为止，在某一特定物种中，所有
APN 基因簇都分属不同类别，而且一些 *APN* 基因相比同一物种中的
其他 *APN* 基因，与外源物种的 *APN* 基因有着更高的序列同源性。比
如根据报道，烟草天蛾（*Manduca sexta*）的两类 APN 与青蛙的 APN
更相近，且这两类酶均能与 Cry1Ab 毒素相结合。目前被研究的多种
APN 编码大约 1000 个氨基酸组成的蛋白质，这些氨基酸经过各种形
式的翻译后修饰，产生 90～170kDa 大小的成熟蛋白。如 GalNAc（*N*-
乙酰半乳糖胺）碳水化合物结构被认为对 Cry1Ac 和 APN 之间的一些
相互作用特别重要，GalNAc 被 Cry1Ac 毒素 domain Ⅲ结构识别后，

毒素能被 APN 识别；Cry1Ab 的 domain Ⅱ 的 loop Ⅱ 和 loop Ⅲ 也参与了 APN 的识别[55]。目前有三种昆虫的高水平 Cry1 毒素抗性是由 APN 突变导致的，分别是棉铃虫、甜菜夜蛾、粉纹夜蛾。棉铃虫 *APN1* 的片段确实被证明是其产生抗 Cry1Ac 性状的因素[56]，此外抗性品系棉铃虫的 *APN2* 基因被检测到在 Cry1A 毒素结合区域出现了 15 个氨基酸突变，这些突变被认为与棉铃虫 Bt 毒素抗性有关[57]，甜菜夜蛾抗 Cry1Ca 品系被检测到 *APN1* 表达缺失[56]而其他的 *APN2*、*APN3*、*APN4* 的表达量均未与敏感品系出现明显区别，在粉纹夜蛾中，*APN1* 表达量的下降也被证明与抗 Cry1 毒素有关[58]。目前在亚洲玉米螟 Cry1Ab 抗性种群中检测出了 *Ofapn1*、*Ofapn2*、*Ofapn3*、*Ofapn4* 四个基因与敏感种群相比存在 9、5、10、12 个碱基突变，且这四个 *APN* 基因除了 *Ofapn2* 以外在敏感种群和抗性种群中的表达量也存在差异，抗性种群中的转录水平明显高于敏感种群[59]。而对亚洲玉米螟中肠转录组的研究则显示，在 Cry1Ab 与 Cry1Ac 抗性种群中 *APN1* 与 *APN3* 转录水平下调，因此 *OfAPN1* 和 *OfAPN3* 可能是共同调节 Bt 抗性的基因网络的一部分[60]。

4.2.1.2　碱性磷酸酶

碱性磷酸酶（alkaline-phosphatase，ALP）是非特异性磷酸水解酶，能催化磷酸单酯水解和磷酸基团的转移反应，碱性磷酸酶具有高保守性[61]，广泛存在于人、动植物、微生物中。对于昆虫体内的 ALP 的研究在 20 世纪 40 年代就已经展开，ALP 与昆虫的头部神经传导、肠道中各种营养物质的运输、离子平衡的调控、滞育时间的调控有关联。ALP 已经被报道是存在于烟草天蛾中肠的 Cry1Ac 的受体[62]，此外还有其他一些报道也证明了 ALP 是 Cry 毒素重要的受体，如埃及伊蚊[63]（*Aedes aegypti*）、疟蚊（*Anopheles gambiae*）、棉铃象甲（*Anthonomus grandis*）[64]、棉铃虫（*Helicoverpa armigera*）[65]肠道内的 ALP 都被报道为 Cry1Ac 的受体，烟芽夜蛾（*Heliothis virescens*）体内的 ALP 也可以与 Cry1Ac 结合[66]。Jurat-Fuentes 发现抗 Bt 烟芽夜蛾体内 ALP 的表达量下降与其对 Cry1Ac 的抗性息息相关[67]，在棉铃虫中一样存在抗性品系中肠 ALP 表达量随抗性升高而下降的现象[68]。由于 ALP 在昆虫体内起到多种作用，尤其是其在将毒素锚定到细胞膜的过程中起到重要作用，对 ALP 的研究有助于减缓 Cry 毒素抗药性的产生。

4.2.1.3　钙黏蛋白

钙黏蛋白（cadherin，Cad）超家族是一类位于中肠的受体蛋白，其结构包括由 9～12 个钙黏蛋白重复序列组成的一个胞外结构域，一个跨膜结构域，一个近膜结构域以及一个胞质结构域。无论是在穿孔模型中还是在信号转导模型中，Cad 都承担着很重要的作用。在穿孔模型中，Cad 靠近细胞膜的三个重复序列与 Cry 毒素结合，在 ALP 与 APN 的协调下，将毒素蛋白锚定到细胞膜上，最终形成毒素聚合体，造成肠道穿孔，而在细胞转导模型中毒素先与钙黏蛋白结合激活 Mg^{2+} 诱导的信号传导通路，最后造成细胞离子失衡从而破坏昆虫中肠。目前在多种鳞翅目害虫体内均检测到了与 Cry1A 毒素抗性相关的 Cad 等位基因，如在粉纹夜蛾的钙黏蛋白基因序列上发现了一个新的 15bp 缺失，预计将导致钙黏蛋白 Cry1Ac 结合区上游 5 个氨基酸的丢失从而产生抗药性[69]。在小蔗螟上进行的 RNAi 试验证明其 Cad 表达量的下调与其对 Cry1Ab 的抗性存在关联[70]，在棉铃虫体内，由于基因的突变导致钙黏蛋白基因被提前终止转录，使棉铃虫对 Cry1Ac 产生了高抗性[71]。在亚洲玉米螟中，通过对 Cry1Ah 抗性种群进行表达量的研究之后发现，ALP 的表达量相比敏感种群上调了 6.2 倍，这一数据表明亚洲玉米螟抗性种群对 Cry1Ah 毒素敏感性的差异可能与 ALP 结合位点减少和免疫反应增强有关[72]。

4.2.1.4　三磷酸腺苷结合盒转运蛋白

三磷酸腺苷结合盒转运蛋白（ATP-binding cassette transporter subfamily，ABC 转运蛋白）是一类跨膜蛋白家族，昆虫体内 ABC 转运蛋白具有向胞外转运毒性分子的功能，其表达量的改变参与了昆虫对化学农药的抗性调节[73,74]。ABC 转运蛋白是一类广泛存在于原核生物、真核生物和古细菌中的跨膜蛋白。在结构上，ABC 转运蛋白由两个胞内核苷酸结合域（nucleotide binding domain，NBD）和两个跨膜蛋白区域（trans-membrane domain，TMD）组成，其中 NBD 通过与 ATP 结合和水解来转运底物穿越细胞膜[46]。依据系统发育分析、核苷酸结合域的同源性和重要的功能性作用，ABC 转运蛋白分为 A 到 H 八个亚科[75]。根据基因树的分枝我们将亚洲玉米螟所有 ABC 基因分为八个亚族，其中有 10 个来自 A 亚族，10 个来自 B 亚族，12 个来自 C 亚族，3 个来自 D 亚族，2 个来自 E 亚族，4 个来自 F 亚族，14 个来自 G 亚族，3 个来自 H 亚族，同时 G 亚族的成员最多，E 亚族成员最少，此分析结果与果蝇的 ABC 基因家族亚族数目关系基本一致[76]。除了转运蛋白底物，ABC 转运蛋白具备调控离子通道，影响受体蛋白和核糖核酸酶抑制剂的翻译及组装的功能[77]。在人体表达的 48 个 ABC 转运蛋白中，17 个 ABC 转运蛋白被报道与人类遗传性疾病相关，例如囊性纤维化、肾上腺脑白质营养不良和胆固醇代谢等，且与患肿瘤病人的耐药反应相关[78,79]。

在昆虫体内，ABC 转运蛋白亚科 B、C 和 G 蛋白的过量表达均被证实参与了多种昆虫对化学杀虫剂的抗药性的产生[80,81]。分子连锁图谱定位了高抗烟芽夜蛾（H. virescens）中的一个 ABC 转运蛋白基因序列中的一个碱基突变引起害虫对 Cry1Ac 的抗性[35]，该报道开启了昆虫对 Bt 抗性机制研究脱离传统受体的先河。针对 Cry1Ab 的抗性机制研究首次由 Atsumi 在模式昆虫家蚕中报道[47]，研究发现家蚕对 Cry1Ab 的抗性是由单个氨基酸酪氨酸（tyrosine）在 ABCC2 蛋白胞外 loop2 的 234 号位点上插入引起的。进一步研究确定了 ABCC2 作为 Cry1Ab 抗性靶点的重要作用，且对不同 Cry 家族内的不同毒蛋白如 Cry1Aa、Cry1Ab、Cry1Ac、Cry1Fa、Cry3Bb 甚至 Cry8Ca 均有不同程度的靶标特异性[82]。loop2 上 234 位点的突变可以破坏 ABCC2 蛋白作为 Cry1Ab 受体的功能，影响细胞对 Cry1Ab 和 Cry1Ac 的敏感性，但对 Cry1Aa 毒蛋白无影响[38]，这是因为不同于 Cry1Ab 和 Cry1Ac，ABCC2 对 Cry1Aa 的结合位点不在 loop2，而是在 loop4 上[83]，这证明了毒蛋白结构的差异会影响其在 ABCC2 蛋白上的作用位点，同时影响 ABCC2 蛋白作为受体的功能性作用。当研究者把与烟芽夜蛾同源的一种敏感品系家蚕（*Bombyx mori*）的 ABC 转运蛋白转入到抗性家蚕体内后，家蚕对 Cry1Ab 失去抗性，此报道证明 ABC 转运蛋白为 Cry1Ab 毒蛋白的功能性受体蛋白[47]。与敏感品系相比，抗性小菜蛾中 ABC 转运蛋白基因缺失了 30 个碱基，这一缺失导致位于 TMD2 的第 12 个 loop 被删去并使得羧基端异常异位，导致此蛋白留在了非功能区的细胞外[46]。

细胞水平试验提出家蚕 ABC 转运蛋白可以作为 Cry1Ac 的作用靶标，使果蝇细胞对毒蛋白的敏感性因该蛋白的转化及表达变得敏感，验证了 ABC 转运蛋白是 Cry1Ac 的靶标受体[38,82]。对 ABC 家族中不同蛋白的分析表明，ABCC2 和 ABCC3 两种蛋白的转录水平差异与甜菜夜蛾（*Spodoptera exigua*）对 Cry1Ac 和 Cry1Ca 毒蛋白的抗性有关[84]。后期对家蚕的研究报道称 ABCC2 作为 Cry1Ac 的受体活性要高于 ABCC3 100 多倍，同时在小菜蛾中 ABCC2 也显示出比 ABCC3 相对强的受体功能，但两种 ABCC 蛋白均参与了虫体对 Cry1Ac 的抗性调节过程，均为不完全隐性[85]。在细胞水平上对烟芽夜蛾 ABC 转运蛋白的靶标特性的研究也发现，在果蝇细胞中过表达 ABCC2 蛋白使得该细胞对 Cry1Aa、Cry1Ab 和 Cry1Ac 三种毒蛋白由抗变感，且三种毒蛋白的作用机制与 ALP 无直接关联，证明了 ABCC2 作为毒蛋白受体的靶标作用。通过对小菜蛾感性与抗性品系分析亦发现 ALP 与 ABCC2 均有不同程度的转录水平差异，预示了它们可能参与了抗性调控[86]，但对小菜蛾 Cry1Ac 的高抗机制研究中否定了钙黏蛋白、APN 和 ALP 等经典肠道受体的突变与抗性机制的相关性[87]。

南京农业大学的最新研究发现，由 CRISPR/Cas9 介导的 *ABCC2* 和 *ABCC3* 的共同敲除导致棉铃虫对 Cry1Ac 毒素产生 1.5 万倍的耐药性，而单独敲除两种转运蛋白中任一个对 Cry1Ac 的抗性没有提升效果，同时，细胞水平检测发现单独一种 *ABCC2* 或 *ABCC3* 即可起到 Cry1Ac 的受体功能，抗性遗传为常染色体上的隐性遗传[88]。对草地贪夜蛾上的敲除试验也证明了其 *ABCC2* 及 *ABCC3* 对 Cry1Fa 抗性起到重要作用[89]，在粉纹夜蛾里通过 CRISPR/Cas9 介导的反向功能性研究也证实了 *ABCC2* 突变体对 Cry1Ac 抗性的直接作用[90]。对上述结果分析，不难发现 Cry 毒蛋白在幼虫体内的作用机制主要依赖于与受体蛋白结合激活信号传导通路或使得细胞穿孔，最终导致细胞死亡。

在亚洲玉米螟中通过基因编辑技术对 Bt 抗性进行研究后发现 8 个碱基的突变可使 *ABCC2* 提前终止其转录并使玉米螟对 Cry1Fa 的抗性上升超过 300 倍，证明了 *ABCC2* 对 Cry1Fa 的功能性作用，但此突变使玉米螟对 Cry1Ab 与 Cry1Ac 的敏感性变化较小，仅提高 3.6 倍抗性[91]，对 Cry1Aa 则几乎无抗性（1.4 倍）[92]。

种群的潜在抗性发展是阻碍转 Bt 基因作物长期使用的重要因素，不同虫体内对相同毒蛋白的抗性机制亦不同。人们对田间长期使用 Bt 导致害虫产生抗性的分子机理的认识仍远远不足，一旦抗性种群在田间爆发，对抗性机制作用靶标的不明确将使人们无法作出对害虫的长期有效防控策略，对玉米产量造成重大影响，对国家粮食储备造成巨额损失，通过对亚洲玉米螟 Bt 抗性基因进行研究，有助于我们理解田间亚洲玉米螟对 Bt 产生抗药性的分子机制与来源。2020 年 1 月 21 日，农业农村部发布 2019 年农业转基因生物安全证书批准清单，其中包括转 Cry1Ab/Cry2Aj、G10evo（EPSPS）基因抗虫耐草甘膦玉米（瑞丰 125）和转 Bt Cry1Ab/epsps 抗虫玉米（DBN9936）。尽管我国尚未开放对转 Bt 基因粮食作物的种植政策，然而该品种的批准为商业生产转基因玉米发出了信号。关于亚洲玉米螟抗性机制的研究和探索对于推动转基因作物的长效发展和 Bt 生物农药的合理利用而言是十分迫切的，并可为害虫综合治理决策提供重要理论和实践指导[93]。

4.2.2　气味受体蛋白

昆虫是动物界中最大的一个类群，它们拥有灵敏的感觉器官来感知周边的环境，尤其是昆虫的嗅觉器官，能够精准地感知到周围环境中一些气味分子的细微变化。昆虫的嗅觉是一种重要的信号输入来源，通过对环境中化学信号进行识别，帮助其定位寄主驱避天敌[94,95]，这对昆虫的生存繁衍至关重要[96]。然而，引起昆虫对气味分子识别的机制是复杂的，嗅觉系统中参与这一过程的主要蛋白家族包括气味结合蛋白（odorantbinding proteins，OBPs）、化学感受蛋白（chemo-sensory proteins，CSPs）、气味受体蛋白（odorant receptors，ORs）、离子型受体（ionotropic receptors，IRs）、感觉神经元膜蛋白（sensory neuron membrane proteins，SNMPs）和气味降解酶（odorant degrading enzyme，ODE）等[97]，其中昆虫气味受体（ORs）具有重要作用，当 ORs 被气味分子激活后，能够将化学信号转导为电信号，在触角叶中整合后传递到神经中枢[98,99]，使昆虫产生相应的行为[100]。

在鳞翅目昆虫中，气味受体根据其功能被分为性信息素受体（pheromone receptors，PRs）和普通气味受体（ORs），PRs 用于鳞翅目昆虫雌雄个体间识别彼此的性信息素分子，而 ORs 大部分用于识别植物的挥发物[101]。ORs 属于多基因超家族，于 20 世纪 90 年代在大鼠和人的嗅觉上皮细胞中被发现[102,103]，昆虫第一个被鉴定的 ORs 基因来自黑腹果蝇（*Drosophila melanogaster*）[104]，此后在不同的昆虫中 ORs 被大量地鉴定出来，每种昆虫都拥有数目不一的多种 ORs，但是都拥有 1 个具有高度保守性的非典型性气味受体（odorant receptor coreceptor，ORCO），这些不同昆虫的 ORs 基因序列高度分化，保守性较低，这也是不同类群的昆虫感受不同的气味分子并使用这些气味分子作为信息素的分子基础[105]，而 ORCO 的同源性最高可达 99%，ORCO 虽然不能识别气味分子，但是与其他 ORs 共表达后，可以协助对气味分子的识别。

昆虫 ORs 是一类位于嗅觉感受神经元 ORN 树突膜上的疏水性膜蛋白，编码 300～600 个氨基酸，它的 N 端不存在信号肽，但有一个保守的糖基化位点，胞内的环上存在几个潜在的磷酸化位点[106]。ORs 的典型特征是具有七个长度为 19～26 个氨基酸的跨膜结构域，一开始昆虫 ORs 被认为与脊椎动物的 G-蛋白偶联受体一致，C 端在胞内而 N 端则位于胞外，但进一步研究证明昆虫的 ORs 的 C 端位于胞外而 N 端在细胞膜内，与脊椎动物正好相反，这说明昆虫与脊椎动物在进化上可能发展出了两套不同的嗅觉系统。ORs 的含量很低，解析它们的蛋白晶体结构非常困难，目前解析较多的是高度保守的非典型气味受体 ORCO 的结构。

不同的气味受体基因在昆虫的不同发育阶段，不同性别、组织及器官中的表达量均存在差异，在棉铃虫中，*HarmOR9*、*HarmOR10* 与 *HarmOR29* 均在触角中高表达，*HarmOR9* 与 *HarmOR29* 表达量在雌雄成虫之间无明显差异，而 *HarmOR10* 在雄虫触角中的表达量高于雌虫；*HarmOR29* 仅在触角表达[107]。在小菜蛾中，*PxylOR16*、*PxylOR17* 和 *PxylOR18* 在触角中表达量高，且无显著雌雄差异，其中 *PxylOR17* 和 *PxylOR18* 还在喙与生殖器官中被检测到表达[108]。在中华蜜蜂中，*AcerOR2* 基因在发育过程中，从蛹期开始出现表达量上调，到成虫羽化前一天也就是蛹末期表达量达到高峰，且这个基因偏雄性表达。*AcerOR1* 与 *AcerOR3* 相比表达量丰度更高，两个基因均在幼虫期表达量较低，蛹期显著上调，羽化第一天表达量达到顶峰，这一结果可能说明中华蜜蜂在幼虫期对气味分子的辨识能力较弱[109]。中华按蚊（*Anopheles sinensis*）气味受体基因 ORs 在触角的表达量相比其他组织明显更高[110]。在昆虫中发现的 ORs 的数量总结如表 4-2。

表 4-2　从昆虫中发现的 ORs 的数量[105]

目	种	ORs 数量
直翅目（Orthoptera）	东亚飞蝗（*Locusta migratoria*）	143
	黄脊竹蝗（*Ceracris kiangsu*）	91
	青脊竹蝗（*C. nigricornis*）	71
	沙漠蝗（*Schistocera gregaria*）	119
	亚洲小车蝗（*Oedaleus asiaticus*）	60
	中华稻蝗（*Oxya chinensis*）	94
半翅目（Hemiptera）	豌豆蚜（*Acyrthosiphon pisum*）	87
	大豆蚜（*Aphis glycines*）	47
	棉蚜（*Aphis gossypii*）	45
	白背飞虱（*Sogatella furcifera*）	135
	褐飞虱（*Nilaparvata lugens*）	141
	灰飞虱（*Laodelphax striatellus*）	133

续表

目	种	ORs 数量
半翅目（Hemiptera）	中国梨木虱（*Cacopsylla chinensis*）	7
	柑橘木虱（*Diaphorina citri*）	46
	绿盲蝽（*Apolygus lucorum*）	110
	茶翅蝽（*Halyomorpha halys*）	138
鳞翅目（Lepidoptera）	棉铃虫（*Helicoverpa armigera*）	65
	烟青虫（*H. assulta*）	64
	疆夜蛾（*Peridroma saucia*）	63
	海灰翅夜蛾（*Spodoptera littoralis*）	60
	草地贪夜蛾玉米品系（*S. frugiperda* corn strain）	69
	草地贪夜蛾水稻品系（*S. frugiperda* rice strain）	69
	草地贪夜蛾中国玉米品系（*S. frugiperda* corn strain in China）	75
	斜纹夜蛾（*Spodoptera litura*）	26
	甜菜夜蛾（*Spodoptera exigua*）	64
	东方黏虫（*Mythimna separata*）	67
	小菜蛾（*Plutella xylostella*）	54
	小地老虎（*Agrotis ipsilon*）	42
	亚洲玉米螟（*Ostrinia furnacalis*）	52
	苹淡褐卷蛾（*Epiphyas postvittana*）	70
	桃蛀果蛾（*Carposina sasakii*）	52
	苹果蠹蛾（*Cydia pomonella*）	66
双翅目（Diptera）	柑橘大实蝇（*Bactrocera minax*）	53
	橘小实蝇（*Bactrocera dorsalis*）	60
	黑带食蚜蝇（*Episyrphus balteatus*）	51
	大灰食蚜蝇（*Eupeodes corollae*）	42
	稻秆蝇（*Chlorops oryzae*）	25
	韭菜迟眼蕈蚊（*Bradysia odoriphaga*）	71
膜翅目（Hymenoptera）	中华蜜蜂（*Apis cerana*）	119
	棉铃虫齿唇姬蜂（*Campoletis chlorideae*）	211
	菜蛾盘绒茧蜂（*Cotesia vestalis*）	158
	烟蚜茧蜂（*Aphidius gifuensis*）	66

目前在亚洲玉米螟中，对 ORs 的研究已经取得了一定的进展，Yang 等通过转录组测序的方式，确定了亚洲玉米螟触角内所有气味受体的谱系，共鉴定出了 52 个气味受体，其中的 45 个是新受体[111]。在通过 qPCR 对这些受体的表达量进行研究后发现，过去发现的信息素受体多为雄性偏向性表达的，而新发现的受体中除了 3 个受体为雌性偏向性表达外，余下的受体基因均未出现明显的性别偏向性表达。出现雌性偏向性表达的 ORs 基因分别是 *OfurOR53*、*OfurOR15* 和 *OfurOR39*，其中 *OfurOR15* 和 *OfurOR39* 是在亚洲玉米螟雌性成虫触角中表达量最高的受体，仅次于 *OfurOR2*(ORCO)，这两个受体可能更多地发挥对雄性玉米螟挥发物的辨识作用或是用于定位寄主植物，以便确认产卵场所。而 Zhang 通过转录组测序发现 *OfurOR3*、*OfurOR4*、*OfurOR6*、*OfurOR7*、*OfurOR8*、*OfurOR11*、*OfurOR12*、*OfurOR13* 和 *OfurOR14* 基因的转录本在亚洲玉米螟雄虫触角上有较强的特异表达，而 *OfurOR17* 和 *OfurOR18* 基因在雌虫触角中特异表达[112]。此外，在另一项研究中，Yu 等在亚洲玉米螟中发现了一个在雌性中偏向表达的 *OfurOR27* 基因，该基因主要在触角中表达[113]，此前的研究表明一些化学物质对亚洲玉米螟存在驱避作用，壬醛、正辛醇和辛醛都能起到驱避剂的作用，起到阻碍亚洲玉米螟产卵的作用[114]，而 *OfurOR27* 基因对壬醛、辛醛和 1-辛醇存在敏感性。之后 Yu 等对壬醛、辛醛和 1-辛醇进行单感受器记录，表明 *OfurOR27* 可能在刚毛状感受器上表达。这些结果证明 *OfurOR27* 是辨识壬醛、辛醛和 1-辛醇的受体，而这三种化学物质对亚洲玉米螟都具有驱避作用，但是具体的驱避作用产生的机制还有待研究，其结构示意图展示如图 4-5。

目前亚洲玉米螟 ORs 功能的研究重点集中在对植物挥发物的辨识与嗅觉感受器的功能与机制上，深入地对亚洲玉米螟嗅觉行为分子机制开展研究，同时与行为学及生态学结合起来，有助于人们了解亚洲玉米螟气味受体在生境中定位寄主，规避天敌，寻找配偶和产卵地等方面起到的作用，同样有助于开发新型的驱避剂、引诱剂、聚集信息素，从而对亚洲玉米螟进行更绿色的管控。近年来随着基因沉默与基因编辑技术日益成熟，了解气味受体的分子机制有助于筛选合适的靶标基因进行沉默或是敲除，进而产生难以辨别异性的种群，释放到田间干扰亚洲玉米螟的正常交配与繁衍，起到减少田间虫口数的作用，实现绿色环境友好型的害虫治理。

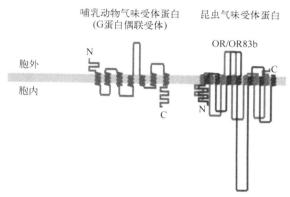

哺乳动物气味受体蛋白
（G蛋白偶联受体）　　　昆虫气味受体蛋白

图 4-5　哺乳动物与昆虫气味受体跨膜结构域[115]

4.2.3　性信息素受体蛋白

昆虫性信息素（insect sex pheromone）是由昆虫某一性别个体在体外分泌，能被同种异性个体所接受，并引起异性个体产生性行为（如求偶，交配等）的挥发性化学物质[116]，常为不同比例的多种化合物构成的混合物[117]。特异性的性信息素对不同昆虫种间生殖隔离具有重要意义[118-121]。对于鳞翅目昆虫而言，对性信息素的感知对其寻找配偶进行交配非常关键，一般情况下雄蛾通过识别同种雌蛾释放的特异的性信息素来寻找配偶并完成繁衍，蛾类的性信息素大多由雌蛾释放。1959 年，蛾类中第一个被鉴定的性信息素蚕蛾醇在家蚕中被发现，迄今为止已有超过 1600 种蛾类的性信息素得到了鉴定[122]。根据化学结构，鳞翅目昆虫的性信息素可以分为四种类型。Ⅰ 型性信息素通常为碳链长度 10～18 个碳原子构成的含有 0～3 个不饱和双键的酯、酸、醇及醛类物质[123,124]；Ⅱ 型性信息素是由 17～25 个碳原子构成的长链不饱和碳氢化合物或环氧衍生物，结构中常含有 1～3 个不饱和双键和 0～2 个环氧基[123-125]；Ⅲ 型性信息素包含 1 或 2 个甲基侧链分支，并且甲基支链被奇数个碳原子隔开[126]；0 型性信息素主要是一类由 7～9 个碳原子构成的短链醇类或酮类化合物，这类化合物结构比较简单，更类似于植物的挥发物[126]，仅在较为原始的鳞翅目类群毛顶蛾总科（Eriocranioidea），微蛾总科（Nepticuloidea）中报道[127,128]。根据目前的研究，Ⅰ 类性信息素占鳞翅目昆虫性信息素种类的 75%，Ⅱ 的占比达到了 15%[124]。

欧洲玉米螟与亚洲玉米螟具有较近的亲缘关系，欧洲玉米螟分为 Z 和 E 两种不同类型，它们的性信息素组成存在差异，Z 型中性信息素组分为 Z11-14:OAc∶E11-14:OAc=97∶3，E 型中性信息素组分为 Z11-14:OAc∶E11-14:OAc=1∶99[129-131]，而亚洲玉米螟雌性成虫的性信息素最早由 Klun 等在 1980 年报道[132]，组分是(Z/E)-12-14碳烯-1-醇乙酸酯（Z/E 12-14:OAc），是由 Z12-14:OAc∶E12-14:OAc=

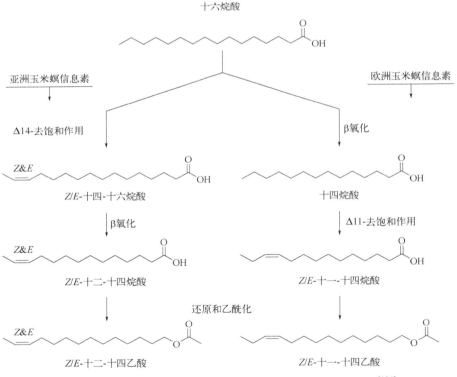

图 4-6 亚洲玉米螟和欧洲玉米螟的性信息素生物合成途径[134]

1∶1 组成的混合物，两者的 PBPs 同源性很高，只有 PBP3 存在十几个氨基酸的差异[133]，这可能也是这两种玉米螟存在生殖隔离的原因（图 4-6）。

图 4-7 为重要蛾类昆虫 PBPs 氨基酸序列。

```
           1        10        20        30        40        50        60
           |........|....|....|....|....|....|....|....|....|....    |
ApolPBP1   SPEIMKNLSNNFGKAMDQCKDELSLPDSVVADLYNFWKDDYVMTDRLAGCAINCLATKLD
BomorPBP   SQEVMKNLSLNFGKALDECKKEMTLTDAINEDFYNFWKEGYEIKNRETGCAIMCLSTKLN
AtraPBP1   SPEIMKDLSINFGKALDTCKKELDLPDSINEDFYKFWKEDYEITNRLTGCAIKCLSEKLE
LdisPBP2   SKDVMHQMALKFGKPIKLCQQELGADDSVVKEFLDFWKDGYVMKDRQTGCMLICMAMKLE
OfurPBP2   SQAVMKDMTKNFIKAYEVCAKEYNLPEAAGAEVMNFWKEGYVLTSREAGCAILCLSSKLN
OfurPBP3   SQTVMGEMTKNFIKAYEVCAKELNLSEATGLQLINFWKEGHELTTRETGCAILCMSTELN
OnubPBP2   SQAVMKDMTKNFIKAYEVCAKEYNLPEAAGAELMNFWKEGYVVTSREAGCAILCLSSKLN
OnubPBP3   SQTVMREMTRNFIKAYEVCAKEYNLPEATGSELINFWKEGHELTTREAGCAILCMSTKLN

                  70        80        90        100       110      118
           ....|....|....|....|....|....|....|....|....|..   ..|........|
ApolPBP1   VVDPDGNLHHGNAKDFAMKHGADETMAQQLVDIIHGCEKSAPPNDDK--CMKTIDVAMCF
BomorPBP   MLDPEGNLHHGNAMEFAKKHGADETMAQQLIDIVHGCEKSTPANDDK--CIWTLGVATCF
AtraPBP1   MVDADGKLHHGNAREFAMKHGADDAMAKQLVDLIHGCEKSIPPNDDR--CMEVLSIAMCF
LdisPBP2   LLDSAMEIHHGSTFAFAKAHGADEAMAQQIIDIVHGCTTTYPAAETNDPCQRAVNVAMCF
OfurPBP2   LLDPEGTLHRGNTVEFAKQHGSDDAMAHQLVDIVHACEKSVPPNEDN--CLMALGISMCF
OfurPBP3   LLDVQGSVHRGNTVEFAKHHGSDDAMAHQVVDILHACEKATP-NEDK--CMLALSIAMCF
OnubPBP2   LLDPEGTLHRGNTVEFAKQHGSDDAMAHQLVDIVHACEKSVPPNEDN--CLMALGISMCF
OnubPBP3   LLDVQGSVHRGNTVEFAKHHGSDDAMAHQVVDILHACEKATP-NEDK--CMLALSIAMCF

                         130       140
           ....|.......|....|....|....|
ApolPBP1   KKEIHKLNWVPNMDLVIGEVLAEV---
BommorPBP  KAEIHKLNWAPSMDVAVGEILAEV---
AtraPBP1   KKEIHNLKWAPNMEVVVGEVLAEV---
LdisPBP2   KAHVHKLNWAPDVELLVADFLAESQ
OfurPBP2   KTEIHKLNWAPDHELLLEEMMAEMKQ-
OfurPBP3   KAEIHKLDWAPNNELMFEELVLDMWNS
OnubPBP2   KTEIHKLNWAPNHELMLEEMMAEMKQ-
OnubPBP3   KAEIHKLDWAPNHELMFEELVSDMWNS
```

图 4-7 重要蛾类昆虫 PBPs 氨基酸序列[135]

家蚕（GenBank 编号 X94987）、多音天蚕（GenBank 编号 X17559）、脐橙螟（GenBank 编号 GQ433364）、舞毒蛾（GenBank 编号）、亚洲玉米螟（GenBank 编号 LC027679）、欧洲玉米螟（GenBank 编号 AF133643）、亚洲玉米螟（GenBank 编号 GU828026）、欧洲玉米螟（GenBank 编号 GU828021）

鳞翅目昆虫的主要嗅觉器官包括触角、下唇须和喙，这几类嗅觉器官上分布着嗅觉感器（sensillum），嗅觉受体神经元（olfactory receptor neurons，ORNs）位于这些感器内部。昆虫的感器包括十种类型：锥形感器（basiconic sensillum），腔锥形感器（coeloconica sensillum），钟形感器（campaniform sensillum），板形感器（placodea sensillum），栓锥感器（styloconic sensilium），毛形感器（trichod sensillum），刺形感器（chaetica sensillum），耳形感器（auricillica sensillum），鳞形感器（squamiformium sensillum）以及坛形感器（ampullaceous sensillum）[136]。感器内部分布着两种主要细胞，即感觉神经元细胞和辅助细胞，辅助细胞包括三类：由内至外分别为鞘原细胞（techogen）、毛原细胞（trichogen）和膜原细胞（tormogen）[137,138]。在鳞翅目昆虫中感器一般位于触角内侧，雄虫触角上的感器大多是毛形、锥形以及腔锥形感器，如在家蚕中这三种感器占触角感器的 75%[139]。

在亚洲玉米螟的触角中，经过任自立等使用扫描电镜对外部形态结构进行扫描，确认了雌雄亚洲玉米螟触角感器具有毛形、锥形、锥腔、刺形、栓锥、耳形和鳞形感器，其中毛形感器最多，主要分为 A、B 两型，且雄蛾的触角中毛形感器多于雌蛾触角[140]。

由于昆虫性信息素结合蛋白 PBP 属于 ORs 的一种，因此昆虫对性信息素的识别机制也与 ORs 接近。PBP 是一种小分子水溶性蛋白，长度为 120～150 个氨基酸，存在于触角淋巴液中[141]，在识别性信息素过程中，先将脂溶性的性信息素分子运送穿过触角淋巴液，到达性信息素受体并与之结合。昆虫第一种性信息素结合蛋白于 1981 年在多音天蚕（*Antheraea polyphemus*）的触角淋巴液中被发现[142]，采用了放射性标记性信息素结合蛋白的方式。在烟草天蛾中首次克隆出了 *PBP* 的全长[143]，此后 *PBP* 在不同昆虫中都得到了深入研究，在家蚕中 Sandler 利用 X 射线晶体衍射法解析了家蚕的 PBP 蛋白的结构[144]。Zhang 利用原核表达与性信息素结合试验确认了棉铃虫的 3 个 PBP 蛋白[145]。

在亚洲玉米螟中，研究者在其触角里反转录出 5 种 PBPs，其中 PBP2 与 PBP3 在雄性触角中有较高的表达量，孙雅琪通过原核表达与荧光竞争结合的方式，对亚洲玉米螟 *OfurPBP1-5* 基因功能进行了研究，其研究结果显示五种重组表达的蛋白 OfurPBP1～5 均能结合亚洲玉米螟的性信息素，其中 *PBP3* 结合（*Z/E*）12-14:OAc 的能力最强，而 *PBP4* 和 *PBP5* 能与欧洲玉米螟的性信息素结合，因此推断 *OfurPBP3*

可能是识别亚洲玉米螟性信息素的关键受体，而 *OfurPBP3* 在亚洲玉米螟雄虫触角中的表达水平高于雌虫触角，也进一步证实了这一受体有特异性的结合能力，很有可能是在物种进化过程中，亚洲玉米螟的 *PBP3* 发生了突变进而产生了对亚洲玉米螟性信息素特异识别的功能[146]。此外孙雅琪利用免疫荧光定位技术，观察了 OfurPBP1～5 受体在亚洲玉米螟触角中的分布，其中 OfurPBP1 与 OfurPBP2 多分布于毛形感器中，OfurPBP3 与 OfurPBP5 多分布于锥形感器中，而 OfurPBP4 分布在栓锥感器中，而这五种受体均分布于淋巴液中[147]，此外孙雅琪还利用触角电位仪测定了亚洲玉米螟雌雄成虫对 8 种玉米挥发物的反应，确定了亚洲玉米螟雌雄成虫触角的最佳反应浓度为 1μg/μL，并以此浓度测试了 19 种玉米挥发物，发现雌雄虫均有反应且雄虫触角对大部分挥发物的触角电位（electroantennography，EAG）反应均大于雌虫，见图 4-8。

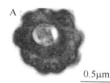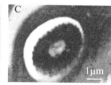

图 4-8　OfurPBP1～5 在亚洲玉米螟雄蛾触角感器中的免疫定位

A、B、C、D 均为刺形感器横截面

目前对于亚洲玉米螟的性信息素受体的研究集中于功能与机制，有力地支持了更绿色、更高效的防控技术的发展，通过对亚洲玉米螟性信息素受体的结合机制进行了解，可以帮助我们筛选更低成本、高结合率且结构更稳定的性信息素替代物，更好地对田间亚洲玉米螟成虫进行干扰，降低其交配成功率，提升防治效果。

4.2.4　*Hox* 基因家族

Hox 基因全称为同源异型基因（homeotic genes，Hox）[148]，现有研究表明这一基因高度保守，且广泛存在于包括酵母在内的真核生物中，对生物的形体发育起到关键作用。1978 年 Lewis 在研究果蝇胚胎

时首次发现 *Hox* 基因，他发现 *Hox* 基因与果蝇中轴器官的形成有密切联系[149]。作为一段能够编码同源异形盒的转录因子，*Hox* 基因家族都具有一段 180bp 的碱基保守区域，编码 60 个氨基酸，形成转角-螺旋-转角（helix-turn-helix）的二级结构，与 DNA 特异性结合从而调控下游基因的转录表达，进而影响细胞的生长分化以及胚胎的发育[150,151]，决定昆虫的形态特征[152,153]。根据 *Hox* 基因的调控部位将其分为两类，分别为触角足复合物（antennapedia complex，ANT-C）基因簇和双胸复合物（bithorax complex，BX-C）基因簇，其中共有 8 个基因，分别是属于 ANT-C 簇的 *Labial (Lab)*，*Antennapedia (Antp)*，*proboscipedia (pb)*，*Deformed (Dfd)* 和 *Sex combs reduced (Scr)*，负责头胸体节器官发育；以及属于 BX-C 簇的 *Ultrabithorax (Ubx)*，*Abdominal-A (Abd-A)* 和 *Abdominal-B (Abd-B)*，负责腹部体节器官发育。*Hox* 基因家族一般呈线性分布于染色体上，每个基因的表达先后顺序与其在染色体上从 3′ 到 5′ 的排列顺序一致，即 3′端的基因率先表达调控体轴前端的发育，而 5′端的基因后表达进而调控体轴后部的发育，这种表达调控的特征被称为"时空共线性"[154-156]。*Hox* 基因之间存在复杂的调控机制，不是同一簇的 *Hox* 基因还存在功能补偿等原则[157]，但在亚洲玉米螟中尚不明确。由于 *Hox* 基因的转录调控能够影响生物的形态发育，这对于研究亚洲玉米螟的形态发育有重要的意义。

目前对 *Hox* 基因家族功能的研究大量集中在昆虫中，作为最早发现 *Hox* 基因的模式昆虫，黑腹果蝇中的 *Hox* 基因的结构功能在长时间的研究中基本清楚，而同样作为节肢动物的甲壳类，*Hox* 基因的研究成果也不断被报道。目前来自家蚕、赤拟谷盗以及蜜蜂中对 *Hox* 基因家族的研究显示，在不同目的昆虫中 *Hox* 家族虽然存在差异，但是功能及作用却大致相同。

Hox 基因家族存在一定的表达模式，在果蝇中 *Lab* 基因率先表达，主要作用于头部的发育调控[158]；*Antp* 基因在果蝇中控制头胸部细胞与器官的发育，还控制体节的分化，在家蚕中 *Antp* 基因特异性地参与了丝腺的发育[159]，在草地贪夜蛾中 *Antp* 基因对其幼虫的胸足发育起到重要作用[148]，*Antp* 基因的沉默能导致赤拟谷盗的蛹期翅发育畸形，

证明该基因能够影响昆虫翅的发育[160]；*pb* 基因在果蝇中的口器和触角中表达[161,162]，与其他 *Hox* 基因一同控制这些体节的发生；*Dfb* 基因控制昆虫头部的上下颚[163]；*Scr* 基因控制头的后部与前胸发育，并确定头胸的分界[164]。

　　Ubx 基因是 BX-C 簇表达部位最靠前的成员，在后胸和腹部的大部分区域表达[165]，*Ubx* 基因作为一个遗传开关，能够改变昆虫胸部区域的特定形态特征[149,166-168]。在果蝇中，*Ubx* 通过在中、后胸中的表达促进平衡棒的形成[169]，突变将导致第三胸节原有平衡棒转化为翅，附肢的大小和形态则受到幼虫时期 *Ubx* 表达的调节[166,168-173]。在褐飞虱中，*Ubx* 是短翅型和长翅型转化的关键调节因子，表达量受到褐飞虱营养状态的影响[174]。在鳞翅目昆虫中，*Ubx* 在家蚕的后胸节中表达，能够调节翅膀的发育[170]。在鞘翅目的赤拟谷盗中，*Ubx* 调控幼虫鞘翅的发育，而 *Ubx* 和 *Abd-A* 上的 RNAi 导致所有腹部节段鞘翅原基的形成[175]。通过抑制 *Distal-less*(*Dll*)基因表达，*Ubx* 和 *Abd-A* 的沉默导致果蝇和许多鳞翅目昆虫的肢体发育停滞[171-173,176]。

　　Abd-A 基因在昆虫胚胎和腹部节段的形成中是不可或缺的[177]。在果蝇中，*Abd-A* 在抑制肢体发育和确定腹部节段方面发挥着重要的作用[178,179]。*Abd-A* 突变会导致胚胎期第 5、第 6 体节的同态转化，最终导致初孵幼虫出现头和胸部的缺陷并造成其死亡[149]。*Abd-A* 还参与雌性内生殖器[63,176]、神经系统、脂肪体[180]和中肠[181]的形成，参与主动脉和成心细胞（cardioblast）的分化[31]。*Abd-A* 在家蚕中调控翅原基角质层蛋白基因，这些基因控制着幼虫到蛹的变态发育，而 *Abd-A* 的沉默已经证明了它在胚胎发育过程中对第三至第六腹节的作用[173]。家蚕中 *Abd-A* 基因和 *Ubx* 基因的完全缺失产生的突变体，A1～A7 体节都长出胸足，*Abd-A* 基因功能的完全丧失则产生 A3～A6 体节腹足的发育完全被抑制的突变型[182]。在斜纹夜蛾中 *Abd-A* 是幼虫体节分割所必需的，突变可导致胚胎发育过程中的异位色素沉着[183]。

　　Abd-B 基因是 *Hox* 家族中表达最靠后的一个成员，表达部位是昆虫的后腹部，调控昆虫后部体节的形态特征和附肢的发育[184]。在果蝇

中 *Abd-B* 基因具有两个亚型，分别编码 m（mmorphogenetic）型和 r（regulatory）型两种蛋白，它们具有不同的结构功能，表达位置也有差异，m 型在靠前的 A4～A8 腹节表达，r 型则在靠后的 A8～A10 腹节表达[185]。*Abd-B* 基因主要起到维持后腹部的体节发育与维持形态特征的作用，并参与到生殖器官发育的过程中[148,186]。如果果蝇的 *Abd-B* 基因发生突变，则会产生额外的体节[179,187]，在家蚕中的基因沉默实验证明，*Abd-B* 基因表达量下调后，腹部靠后的 A7～A10 体节会长出腹足，同时 *Abd-A* 基因在这些体节中表达量上升，这意味着，*Abd-B* 基因很有可能通过抑制 *Abd-A* 基因来抑制腹足的形成[188]。在果蝇中 *Abd-B* 基因和性别决定基因 *doublesex*（*dsx*）一同影响果蝇生殖器的生长和分化，决定了性二态特征[189]。此外在家蚕中 *Abd-B* 基因还参与家蚕在饥饿条件下的脂肪体自噬[190]。

Hox 基因家族在调控昆虫生长发育、体节形成和生殖器官发育中有重要作用，因此可以作为遗传控制亚洲玉米螟的潜在靶标基因，截至目前虽然 *Hox* 基因家族在鳞翅目模式昆虫家蚕中已有丰富的研究成果，但是在亚洲玉米螟中 *Hox* 基因发挥何种用途的研究依然较少。Bi 对亚洲玉米螟的 *Abd-A* 基因和 *Ubx* 基因进行了详细的研究，他对 *OfAbd-A* 和 *OfUbx* 在亚洲玉米螟不同发育阶段的转录水平进行了测定，获得了亚洲玉米螟 *OfAbd-A* 和 *OfUbx* 基因的时空表达谱，*OfAbd-A* 在卵、预蛹、蛹和雌性成虫中表达量较高[191]，这与已被报道的 *Abd-A* 基因在胚胎发生阶段对体节分化起到调节作用的结果一致[53]，*OfUbx* 在蛹和成虫阶段表达量较高，这一结果与 *Ubx* 在稻飞虱中所拥有的功能一致，在前翅和后翅中都有表达[174]。

同样的 Bi 还对亚洲玉米螟幼虫不同器官组织中的 *OfAbd-A* 和 *OfUbx* 基因转录水平进行了研究[191]，他选取了五龄幼虫的头、前肠、中肠、脂肪体、表皮、精巢和卵巢的 RNA 来进行测定（图 4-9）。研究结果表明，在亚洲玉米螟幼虫体内，与身体其他部位相比，*OfAbd-A* 在表皮的相对表达量显著较高，在卵巢组织中也相对较高（图 4-9C），这与之前报道的 *OfAbd-A* 在果蝇的表皮和神经细胞中的表达一致[153,179]，*OfUbx* 基因在表皮、脂肪体和卵巢组织中高度表达，这与之前的报道，*Ubx* 在果蝇的腹部和性腺从 T3 到 A6/A7 体节的邻近区域广泛表达，同时在脂肪体中也有表达的结果是一致的[180]。

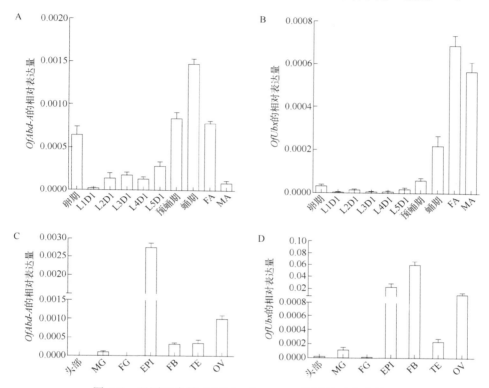

图 4-9　亚洲玉米螟 *OfAbd-A* 与 *OfUbx* 基因的时空表达量

A—亚洲玉米螟 *OfAbd-A* 基因在各个龄期的表达量；B—亚洲玉米螟 *OfUbx* 基因在各个龄期的表达量；
C—亚洲玉米螟 *OfAbd-A* 基因在五龄幼虫体内各个组织器官中的表达量；D—亚洲玉米螟
OfUbx 基因在五龄幼虫体内各个组织器官中的表达量

L1D1 到 L5D1 分别代表 1 龄幼虫第 1 天到 5 龄幼虫第 1 天；FA 与 MA 分别代表雌性成虫与雄性成虫；
MG 代表中肠；FG 代表前肠；FB 代表脂肪体；EPI 代表表皮；TE 代表精巢；OV 代表卵巢

在了解了 *OfAbd-A* 和 *OfUbx* 基因的表达量在亚洲玉米螟体内的时空分布后，Bi 利用 CRISPR/Cas9 系统对亚洲玉米螟的这两个基因进行了靶向敲除，成功地在 *OfAbd-A* 中诱导了 59 个和 250 个碱基的缺失突变，在 *OfUbx* 中分别诱导了 9 个和 82 个碱基的缺失突变[191]。敲除 *OfAbd-A* 后，在幼虫中观察到腹节的异常发育，体节存在融合现象，而在 *OfUbx* 诱变后观察到蛹和成虫翅膀的异常折叠，在后一种情况下，翅膀严重畸形的成虫无法飞行，这限制了它们的交配、繁殖和迁飞的能力（图 4-10、图 4-11）。为了进一步确定 *OfAbd-A* 和 *OfUbx* 在 *Hox* 家族中的作用，Bi 还对突变个体的其他 *Hox* 基因以及与翅形成密切相关的 *Wnt1* 基因进行了相对表达量的研究，鉴于在蛹阶段 *OfAbd-A* 突变后 *Lab* 的相对转录水平显著增加，*Lab* 的作用可能是补偿 *OfAbd-A* 的表达量不足，并发挥与之相同的功能，此外据报道 *Lab* 确定头的中段与后段特征，并与 *pb* 和 *Scr* 一起调节了喙的发育[192]。*Dfd* 和 *Scr* 作用于 *Abd-A* 的下游，以确定头部的触角特征[69]，*Dfd* 负责眼触角盘的发育[193]，*Dfd* 在 *OfAbd-A* 突变体中的表达上调与报道一致，该报道称 *Dfd* 除了负责头部、腹侧和唇部表皮的形成外，还参与了胸部表皮形成的同源转化[49]。由于 *Antp* 参与家蚕胸段的发育[194]，我们也检测了其在 *OfAbd-A* 和 *OfUbx* 突变体中的相对表达水平，研究表明 *Antp* 在 *OfAbd-A* 突变后表达量上调，这表明它可能是控制胸腹部发育的一个重要因子。在我们的研究中，在 *OfAbd-A* 突变体中，*Abd-B* 的表达显著增加，而 *Wnt1* 的表达显著降低，这进一步证实了 *Abd-B* 的作用，在果蝇中通过抑制 A7 区域的 *Abd-A* 基因表达来抑制无翅基因以消除腹部的作用（图 4-10）[195]。

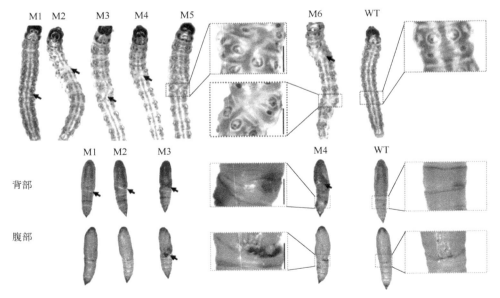

图 4-10　亚洲玉米螟 *OfAbd-A* 基因敲除后幼虫与蛹的突变表型

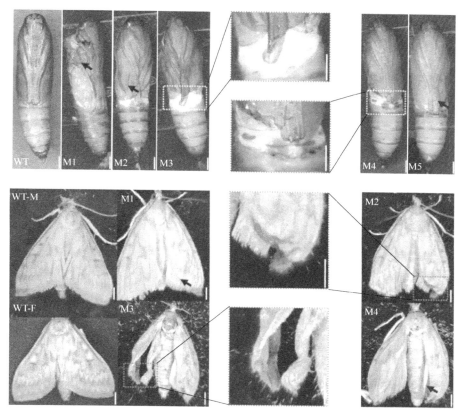

图 4-11 亚洲玉米螟 *OfUbx* 基因敲除后蛹与成虫的突变表型
WT-M 代表野生品系雄性成虫；WT-F 代表野生品系雌性成虫

对 *OfUbx* 突变体的 *Hox* 基因家族分析发现，在 *OfUbx* 被敲除后，*Dfd* 上调，这表明 *Dfd* 可以被 *Ubx* 抑制。先前对果蝇和家蚕的研究表明，*Ubx* 调控一系列下游基因，如 *Scr* 和 *Wingless*[38]。我们的结果发现，在 *OfUbx* 突变体中，*Abd-A* 的表达显著下调，而 *Abd-B* 和 *Wnt1* 的转录水平显著上调。这一细致的研究验证了 *OfAbd-A* 和 *OfUbx* 的功能，发现了 *OfAbd-A* 的诱变可以导致胚胎死亡，而 *OfUbx* 突变会导致亚洲玉米螟成虫不育，这表明它们有可能成为亚洲玉米螟田间遗传防控的靶标基因，如何将这两个基因作为靶标进行实际应用是非常值得研究的，这有利于我国玉米种植，并能够将这一遗传防控手段延伸到其他害虫的田间治理中去[191]。

4.2.5 性别决定相关基因

在动物界中性二型特征普遍存在，包括身体大小、色素沉着、外生殖器、特定性别的行为和生理。大多数动物物种由两种不同的性别组成，雄性和雌性动物之间的差异很大，在形态、生理和行为水平上都很明显[196]。这一差异也形成了有性繁殖这一在进化上非常古老的繁殖形式，因为性别是有性繁殖的先决条件，同时性别决定了系统是多样的[197]。不同类型的性染色体和各种性别决定基因在进化过程中得到了发展。

在动物界中，*doublesex*（*dsx*）基因、*mab-3* 基因和 *dsx and mab-3-related transcription factor 1*（*DMRT1*）是三个同源基因，它们通过雌雄特异的表达和剪接，在调节果蝇、秀丽线虫和哺乳动物的性别二型性特征中发挥重要作用[8-10]。性别决定在生物发育和繁殖中起着关键作用[198]，在昆虫中观察到了多种不同组成的性染色体，如 XY、X0、WZ 和 Z0，参与性别决定的信号通路保守程度并不高[199-201]。在模式昆虫黑腹果蝇中，性别决定的主要信号由 X 染色体连锁信号元件（XSE）组成并调节 *Sex-lethal*（*Sxl*）的转录本，转导子由 *transformer*（*Tra*）和 *transformer2*（*Tra2*）编码，执行子由 *dsx* 和 *fruitless(Fru)*编码[202-204]。*Sxl* 基因最初受 X 染色体与常染色体比例（X：A）的调节[205]，然后，参与性别决定的保守下游基因 *dsx* 调节性别分化[206,207]。

近年来，在双翅目昆虫中发现了新的性别决定因子，它们起着初始信号的作用，包括在埃及伊蚊中发现的 *Nix*，它是 *Tra2* 的一个关系较远的同源基因，在冈比亚按蚊中发现了雄性基因 *YoB*；在家蝇中发现了一种剪接因子 *Mdmd*[208-211]。鳞翅目昆虫种类繁多，既包括害虫，也包括重要的经济昆虫，如授粉昆虫和产丝昆虫[212]。鳞翅目昆虫的性别决定机制与双翅目昆虫相比存在巨大差异[213]。

在鳞翅目中，性别决定的研究主要集中在家蚕上[18-20]。家蚕使用 WZ/ZZ 性别决定系统，其中纯合子 ZZ 产生雄性，而杂合子 WZ

产生雌性，这意味着性别决定因素是来自 W 染色体的雌性化因子（F 因子）[214]。先前的研究表明，雌性家蚕中的雄性化因子 *Masculinizer* (*Masc*) 基因受到 Fem piRNA 的抑制。此外，*Masc* 基因控制 *Bmdsx* 基因在家蚕中的性别特异性剪接[215,216]。*Masc* 的突变导致雌性特征的出现，包括雌性特有的腹侧几丁质板和雄性个体的生殖乳凸[217]。此外，*Bmdsx* 基因的破坏会导致性腺和外生殖器异常，以及性别特异性不育[218]。

　　亚洲玉米螟是为害玉米的重要害虫之一，特别是在中国和东北地区，以往的研究已对 *Masc* 基因和 *dsx* 基因进行了描述。*OfMasc* 基因受内共生细菌沃尔巴克氏菌的调控；失败的剂量补偿会导致雄性死亡[219,220]。之后 Bi 使用基因编辑技术对亚洲玉米螟的 *OfMasc* 和 *Ofdsx* 基因进行了功能研究，在成功造成这两个基因碱基缺失突变后，发现突变体在蛹期表现出一些异常的外生殖器表型。

　　在野生型中，雌雄在蛹的形态上具有明显的生殖孔特征，这是区分雌雄的关键。雌蛹在第八腹节有一条 X 字形的线和一个小裂缝，而雄蛹在第九腹节的腹部末端有两个突出的点（图 4-12）。由于性别决定基因在调节性二态特征中的关键作用，性别决定基因的突变会导致雌雄形态特征的异常和性别逆转[221]。对于 *OfMasc* 突变的蛹，我们发现有一些异常的表型，如生殖孔变形，但只在雄性突变中（图 4-12）。此外，在突变体 M2 和 M3 中，有一些类似于 X 形品系的雌性特有性状。为了确认这些具有突变表型的蛹是否存在性别反转，在这些个体羽化后，研究者对其进行了性别鉴定。在 *Ofdsx* 突变体的蛹中，我们发现有三种类型的异常表型。*Ofdsx* 雌性突变体有一条异常的 X 形线，类似于 M4、M5 和 M6（图 4-12），而 *Ofdsx* 雄性突变体有缺陷的生殖孔，如 M10、M11 和 M12（图 4-12）。一些 *Ofdsx* 突变的蛹，如 M7、M8 和 M9，也同时具有雌雄不同的两个生殖孔特征。

　　当突变蛹进入成虫阶段时，我们发现有一些外生殖器异常的实例。在野生型中，成年雄性外生殖器主要由一对抱握器、一个爪形突和一个阳茎组成。雌性外生殖器主要由生殖器乳凸和腹板组成。在 *OfMasc* 突变体中，雌性外生殖器正常，雄性外生殖器异常，表现为阳茎较短，

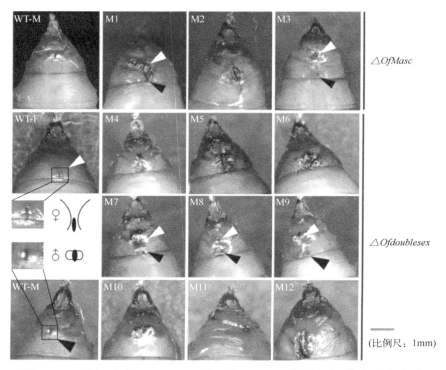

图 4-12 亚洲玉米螟 *Ofdoublesex* 基因与 *OfMasc* 基因敲除后蛹期突变表型

△符号意为敲除相应基因后的突变个体

抱握器异常（图 4-13，另见彩色插页）。在雌性 *Ofdsx* 突变体中，存在只具有部分生殖乳凸或生殖乳凸缺陷（图 4-13）；雄性 *Ofdsx* 突变体中，出现了异常的抱握器和雌性特有的生殖乳凸（图 4-13）。在成虫阶段，还发现了其他一些两性二态性状的变化。在野生型中，雄性的翅膀颜色比雌性深。然而，在 *OfMasc* 突变体中，雄性的翅膀颜色比野生型雄性弱，与野生型雌性相似（图 4-14）。在 *Ofdsx* 突变体中，我们发现 dsx-FM 突变体的翅膀颜色和条纹比野生型雌性更明显，但比野生型雄性弱（图 4-14）。结果表明，dsx 基因调节了亚洲玉米螟的色素沉着（图 4-14）。

前期研究还分析了亚洲玉米螟突变个体的生育数据，发现 *OfMasc* 基因的缺失在胚胎期诱导雄性致死。收集了三次关于成虫阶段性别比例的数据，成年雌性性别比占总虫口的比例分别约为 78%、85% 和 92%。*OfMasc* 和 *Ofdsx* 突变体相互交配时，由于 *OfMasc* 雄性突变体

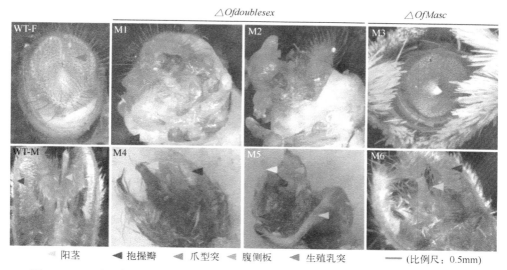

△*Ofdoublesex* △*OfMasc*

◀ 阳茎　◀ 抱握瓣　◀ 爪型突　◀ 腹侧板　◀ 生殖乳突　── (比例尺：0.5mm)

图 4-13　亚洲玉米螟 *Ofdoublesex* 基因与 *OfMasc* 基因敲除后成虫外生殖器突变表型

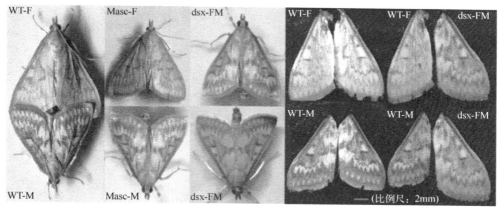

图 4-14　亚洲玉米螟 *Ofdoublesex* 基因与 *OfMasc* 基因敲除后成虫翅突变表型
WT-F 指代野生型雌性；WT-M 指代野生型雄性；Masc-F 指代 *Masc* 基因敲除后突变的雌性；
Masc-M 指代 *Masc* 基因敲除后突变的雄性；dsx-FM 指代 *dsx* 基因敲除后同时出现性反转的个体

的外生殖器存在缺陷，这些雄性突变体无法与野生型雌性或 *OfMasc*
成年雌性交配，也无法产下受精的卵。在 *Ofdsx* 突变体中，△dsx-F
和△dsx-M 个体外生殖器均异常，因此，*Ofdsx* 突变体没有繁殖能力，
也没有孵化出后代。此外还发现 *OfMasc* 和 *Ofdsx* 可以调节色素基因
来控制翅膀的色素模式。这些结果表明，*OfMasc* 和 *Ofdsx* 在亚洲玉
米螟性别决定和性二态分化的调控中起着关键作用，并有可能用于

亚洲玉米螟等害虫的防治靶标基因，为后续构建转基因品系田间释放进行遗传控制打下了良好的基础。

参考文献

[1] Fang G, Zhang Q, Chen X, et al. The draft genome of the Asian corn borer yields insights into ecological adaptation of a devastating maize pest. Insect biochemistry and molecular biology, 2021, 138: 103638.

[2] Marcais G, Kingsford C. A fast, lock-free approach for efficient parallel counting of occurrences of k-mers. Bioinformatics, 2011, 27(6): 764-770.

[3] Kajitani R, Toshimoto K, Noguchi H, et al. Efficient de novo assembly of highly heterozygous genomes from whole-genome shotgun short reads. Genome Res, 2014, 24(8): 1384-1395.

[4] Mandric I, Zelikovsky A B. ScaffMatch: scaffolding algorithm based on maximum weight matching. Bioinformatics, 2015, 31(16): 2632-2638.

[5] Li R, Zhu H, Ruan J, et al. De novo assembly of human genomes with massively parallel short read sequencing. Genome Res, 2010, 20(2): 265-272.

[6] Parra G, Bradnam K, Korf I. CEGMA: a pipeline to accurately annotate core genes in eukaryotic genomes. Bioinformatics, 2007, 23(9): 1061-1067.

[7] Simão F A, Waterhouse R M, Ioannidis P, et al. BUSCO: assessing genome assembly and annotation completeness with single-copy orthologs. Bioinformatics, 2015, 31(19): 3210-3212.

[8] Kawahara A Y, Breinholt J W. Phylogenomics provides strong evidence for relationships of butterflies and moths. Proceedings Biological sciences, 2014, 281(1788): 20140970.

[9] Mutanen M, Wahlberg N, Kaila L. Comprehensive gene and taxon coverage elucidates radiation patterns in moths and butterflies. Proceedings Biological sciences, 2010, 277(1695): 2839-2848.

[10] Regier J C, Zwick A, Cummings M P, et al. Toward reconstructing the evolution of advanced moths and butterflies (Lepidoptera: Ditrysia): an initial molecular study. BMC Evol Biol, 2009, 9: 280.

[11] Hill J, Rastas P, Hornett E A, et al. Unprecedented reorganization of holocentric chromosomes provides insights into the enigma of lepidopteran chromosome evolution. Science Advances, 2019, 5(6): eaau3648.

[12] Wan F, Yin C, Tang R, et al. A chromosome-level genome assembly of *Cydia pomonella* provides insights into chemical ecology and insecticide resistance. Nat Commun, 2019, 10(1): 4237.

[13] Chapman J W, Reynolds D R, Wilson K. Long-range seasonal migration in insects: mechanisms, evolutionary drivers and ecological consequences. Ecol Lett, 2015, 18(3): 287-302.

[14] Danks H V. The elements of seasonal adaptations in insects. The Canadian Entomologist, 2012, 139(1): 1-44.

[15] Zhan S, Merlin C, Boore J L, et al. The monarch butterfly genome yields insights into long-distance migration. Cell, 2011, 147(5): 1171-1185.

[16] Cheng T, Wu J, Wu Y, et al. Genomic adaptation to polyphagy and insecticides in a major East Asian noctuid pest. Nat Ecol Evol, 2017, 1(11): 1747-1756.

[17] Jones C M, Papanicolaou A, Mironidis G K, et al. Genomewide transcriptional signatures of migratory flight activity in a globally invasive insect pest. Mol Ecol, 2015, 24(19): 4901-4911.

[18] Park C G, Seo B Y, Jung J K, et al. Forecasting spring emergence of the Asian corn borer, *Ostrinia furnacalis* (Lepidoptera: Crambidae), based on postdiapause development rate. J Econ Entomol, 2017, 110(6): 2443-2451.

[19] Kozak G M, Wadsworth C B, Kahne S C, et al. Genomic basis of circannual rhythm in the European corn borer moth. Curr Biol, 2019, 29(20): 3501-3509.

[20] Xie H C, Li D S, Zhang H G, et al. Seasonal and geographical variation in diapause and cold hardiness of the Asian corn borer, *Ostrinia furnacalis*. Insect Sci, 2015, 22(4): 578-586.

[21] Renou M, Anton S. Insect olfactory communication in a complex and changing world. Curr Opin Insect Sci, 2020, 42: 1-7.

[22] 郭同斌, 嵇保中, 诸葛强, 等. 转基因黑杨的抗虫性测定与分析. 分子植物育种, 2004(02): 187-191.

[23] 刘冰, 张田, 张英, 等. 陕西省商业化种植 Bt 棉花的抗虫性监测. 中国棉花, 2014, 41(08): 30-31.

[24] 张富丽, 雷绍荣, 刘勇, 等. 不同虫压下转 Bt 基因水稻与非转基因水稻生态适合度差异. 应用与环境生物学报, 2012, 18(01): 35-41.

[25] Calles-Torrez V, Knodel J J, Boetel M A, et al. Field-evolved resistance of northern and western corn rootworm (Coleoptera: Chrysomelidae) populations to corn hybrids expressing single and pyramided Cry3Bb1 and Cry34/35Ab1 Bt proteins in north dakota. J Econ Entomol, 2019, 112(4): 1875-1886.

[26] Dhurua S, Gujar G T. Field-evolved resistance to Bt toxin Cry1Ac in the pink bollworm,

Pectinophora gossypiella (Saunders) (Lepidoptera: Gelechiidae), from India. Pest management science, 2011, 67(8): 898-903.

[27] Gassmann A J, Petzold-Maxwell J L, Keweshan R S, et al. Field-evolved resistance to Bt maize by western corn rootworm. PLoS One, 2011, 6(7): e22629.

[28] Tabashnik B E, Carriere Y. Global patterns of resistance to Bt crops highlighting pink bollworm in the United States, China, and India. J Econ Entomol, 2019, 112(6): 2513-2523.

[29] Janmaat A F, Myers J. Rapid evolution and the cost of resistance to *Bacillus thuringiensis* in greenhouse populations of cabbage loopers, *Trichoplusia ni.* Proceedings Biological sciences, 2003, 270(1530): 2263-2270.

[30] Crespo A L, Rodrigo-Simon A, Siqueira H A, et al. Cross-resistance and mechanism of resistance to Cry1Ab toxin from *Bacillus thuringiensis* in a field-derived strain of European corn borer, *Ostrinia nubilalis.* Journal of invertebrate pathology, 2011, 107(3): 185-192.

[31] Perrin L, Monier B, Ponzielli R, et al. *Drosophila* cardiac tube organogenesis requires multiple phases of Hox activity. Dev Biol, 2004, 272(2): 419-431.

[32] Xu L N, Wang Y Q, Wang Z Y, et al. Transcriptome differences between Cry1Ab resistant and susceptible strains of Asian corn borer. BMC genomics, 2015, 16(1): 173.

[33] Rane R V, Ghodke A B, Hoffmann A A, et al. Detoxifying enzyme complements and host use phenotypes in 160 insect species. Curr Opin Insect Sci, 2019, 31: 131-138.

[34] Tan W H, Acevedo T, Harris E V, et al. Transcriptomics of monarch butterflies (*Danaus plexippus*) reveals that toxic host plants alter expression of detoxification genes and down-regulate a small number of immune genes. Mol Ecol, 2019, 28(22): 4845-4863.

[35] Gahan L J, Pauchet Y, Vogel H, et al. An ABC transporter mutation is correlated with insect resistance to *Bacillus thuringiensis* Cry1Ac toxin. PLoS genetics, 2010, 6(12): e1001248.

[36] Tanaka S, Miyamoto K, Noda H, et al. The ATP-binding cassette transporter subfamily C member 2 in *Bombyx mori* larvae is a functional receptor for Cry toxins from *Bacillus thuringiensis.* FEBS J, 2013, 280(8): 1782-1794.

[37] Wang X, Xu Y, Huang J, et al. CRISPR-Mediated knockout of the ABCC2 gene in *Ostrinia furnacalis* confers high-level resistance to the *Bacillus thuringiensis* Cry1Fa toxin. Toxins (Basel), 2020, 12(4): 246.

[38] Tanaka S, Miyamoto K, Noda H, et al. Single amino acid insertions in extracellular loop 2 of *Bombyx mori* ABCC2 disrupt its receptor function for *Bacillus thuringiensis* Cry1Ab and Cry1Ac but not Cry1Aa toxins. Peptides, 2016, 78: 99-108.

[39] Ferre J, Van Rie J. Biochemistry and genetics of insect resistance to *Bacillus thuringiensis.* Annual review of entomology, 2002, 47: 501-533.

[40]　Adang, M J, Crickmore N, Jurat-Fuentes J L. Diversity of *Bacillus thuringiensis* crystal toxins and mechanism of action. Insect Midgut and Insecticidal Proteins, 2014, 47: 39-87.

[41]　Jin T, Chang X, Gatehouse A M, et al. Downregulation and mutation of a cadherin gene associated with Cry1Ac resistance in the Asian corn borer, *Ostrinia furnacali*s (Guenee). Toxins, 2014, 6(9): 2676-2693.

[42]　Wu Y. Detection and mechanisms of resistance evolved in insects to cry toxins from *Bacillus thuringiensis*. Insect Midgut and Insecticidal Proteins, 2014: 297-342.

[43]　Heong K L, Hardy B. Planthoppers: new threats to the sustainability of intensive rice production systems in Asia. Int. Rice Res. Inst, 2009.

[44]　Bravo A, Likitvivatanavong S, Gill S S, et al. *Bacillus thuringiensis*: A story of a successful bioinsecticide. Insect biochemistry and molecular biology, 2011, 41(7): 423-431.

[45]　Pigott C R, Ellar D J. Role of receptors in *Bacillus thuringiensis* crystal toxin activity. Microbiology and molecular biology reviews: MMBR, 2007, 71(2): 255-281.

[46]　Baxter S W, Badenes-Perez F R, Morrison A, et al. Parallel evolution of *Bacillus thuringiensis* toxin resistance in lepidoptera. Genetics, 2011, 189(2): 675-679.

[47]　Atsumi S, Miyamoto K, Yamamoto K, et al. Single amino acid mutation in an ATP-binding cassette transporter gene causes resistance to Bt toxin Cry1Ab in the silkworm, *Bombyx mori*. Proceedings of the National Academy of Sciences of the United States of America, 2012, 109(25): E1591-1598.

[48]　Pacheco S, Gomez I, Arenas I, et al. Domain Ⅱ loop 3 of *Bacillus thuringiensis* Cry1Ab toxin is involved in a "ping pong" binding mechanism with *Manduca sexta* aminopeptidase-N and cadherin receptors. J Biol Chem, 2009, 284(47): 32750-32757.

[49]　Zhang X, Candas M, Griko N B, et al. A mechanism of cell death involving an adenylyl cyclase/PKA signaling pathway is induced by the Cry1Ab toxin of *Bacillus thuringiensis*. Proceedings of the National Academy of Sciences of the United States of America, 2006, 103(26): 9897-9902.

[50]　Broderick N A, Robinson C J, McMahon M D, et al. Contributions of gut bacteria to *Bacillus thuringiensis*-induced mortality vary across a range of Lepidoptera. BMC biology, 2009, 7: 11.

[51]　Johnston P R, Crickmore N. Gut bacteria are not required for the insecticidal activity of *Bacillus thuringiensis* toward the tobacco hornworm, *Manduca sexta*. Appl Environ Microbiol, 2009, 75(15): 5094-5099.

[52]　Raymond B, Johnston P R, Wright D J, et al. A mid-gut microbiota is not required for the pathogenicity of *Bacillus thuringiensis* to diamondback moth larvae. Environmental

Microbiology, 2009, 11(10): 2556-2563.

[53] Wang P, Zhang X, Zhang J. Molecular characterization of four midgut aminopeptidase N isozymes from the cabbage looper, *Trichoplusia ni*. Insect biochemistry and molecular biology, 2005, 35(6): 611-620.

[54] Knight P J, Crickmore N, Ellar D J. The receptor for *Bacillus thuringiensis* CrylA (c) delta-endotoxin in the brush border membrane of the lepidopteran *Manduca sexta* is aminopeptidase N. Mol Microbiol, 1994, 11(3): 429-436.

[55] Jenkins J L, Lee M K, Valaitis A P. Bivalent sequential binding model of a *Bacillus thuringiensis* toxin to gypsy moth aminopeptidase N receptor. Journal of Biological Chemistry, 2000, 275(19): 14423-14431.

[56] Herrero S, Gechev T, Bakker P L, et al. *Bacillus thuringiensis* Cry1Ca-resistant *Spodoptera exigua* lacks expression of one of four aminopeptidase N genes. BMC genomics, 2005, 6: 96.

[57] 苏建亚, 周晓梅, 沈晋良, 等. 抗 Bt 棉棉铃虫幼虫 Bt 受体氨肽酶 N(APN2)基因克隆. 中国生物工程杂志, 2004(10): 59-62.

[58] Tiewsiri K, Wang P. Differential alteration of two aminopeptidases N associated with resistance to *Bacillus thuringiensis* toxin Cry1Ac in cabbage looper. Proceedings of the National Academy of Sciences of the United States of America, 2011, 108(34): 14037-14042.

[59] Xu L, Wang Z, Zhang J, et al. Characterization of four midgut aminopeptidase N isozymes from *Ostrinia furnacalis* strains with different susceptibilities to *Bacillus thuringiensis*. Journal of invertebrate pathology, 2014, 115: 95-98.

[60] Zhang T, Coates B S, Wang Y, et al. Down-regulation of aminopeptidase N and ABC transporter subfamily G transcripts in Cry1Ab and Cry1Ac resistant Asian corn borer, *Ostrinia furnacalis* (Lepidoptera: Crambidae). Int J Biol Sci, 2017, 13(7): 835-851.

[61] 严盈, 彭露, 刘万学, 等. 昆虫碱性磷酸酶的研究进展. 昆虫学报, 2009, 52(01): 95-105.

[62] McNall R J, Adang M J. Identification of novel *Bacillus thuringiensis* Cry1Ac binding proteins in *Manduca sexta* midgut through proteomic analysis. 2003, 33(10): 999-1010.

[63] Foronda D, Estrada B, de Navas L, et al. Requirement of *Abdominal-A* and *Abdominal-B* in the developing genitalia of Drosophila breaks the posterior downregulation rule. Development, 2006, 133(1): 117-127.

[64] Martins E S, Monnerat R G, Queiroz P R, et al. Midgut GPI-anchored proteins with alkaline phosphatase activity from the cotton boll weevil (*Anthonomus grandis*) are putative receptors for the Cry1B protein of *Bacillus thuringiensis*. Insect biochemistry and molecular biology,

2010, 40(2): 138-145.

[65] Ning C, Wu K, Liu C, et al. Characterization of a Cry1Ac toxin-binding alkaline phosphatase in the midgut from *Helicoverpa armigera* (Hubner) larvae. J Insect Physiol, 2010, 56(6): 666-672.

[66] Jurat-Fuentes J L, Adang M J. Characterization of a Cry1Ac-receptor alkaline phosphatase in susceptible and resistant *Heliothis virescens* larvae. Eur J Biochem, 2004, 271(15): 3127-3135.

[67] Jurat-Fuentes J L, Karumbaiah L, Jakka S R, et al. Reduced levels of membrane-bound alkaline phosphatase are common to lepidopteran strains resistant to Cry toxins from *Bacillus thuringiensis*. PLoS One, 2011, 6(3): e17606.

[68] 张涛, 张丽丽, 魏纪珍, 等. Cry1Ac 抗、感棉铃虫碱性磷酸酯酶(ALP1)的表达量比较. 中国农业科学, 2013, 46(17): 3580-3586.

[69] Fabrick J A, Tabashnik B E. Similar genetic basis of resistance to Bt toxin Cry1Ac in Boll-selected and diet-selected strains of pink bollworm. PLoS One, 2012, 7(4): e35658.

[70] Yang Y, Zhu Y C, Ottea J, et al. Down regulation of a gene for cadherin, but not alkaline phosphatase, associated with Cry1Ab resistance in the sugarcane borer *Diatraea saccharalis*. PLoS One, 2011, 6(10): e25783.

[71] Xu X, Yu L, Wu Y. Disruption of a cadherin gene associated with resistance to Cry1Ac delta-endotoxin of *Bacillus thuringiensis* in *Helicoverpa armigera*. Appl Environ Microbiol, 2005, 71(2): 948-954.

[72] Shabbir M Z, Zhang T, Prabu S, et al. Identification of Cry1Ah-binding proteins through pull down and gene expression analysis in Cry1Ah-resistant and susceptible strains of *Ostrinia furnacalis*. Pestic Biochem Physiol, 2020, 163: 200-208.

[73] Dermauw W, van Leeuwen T. The ABC gene family in arthropods: comparative genomics and role in insecticide transport and resistance. Insect biochemistry and molecular biology, 2014, 45: 89-110.

[74] Merzendorfer H. ABC transporters and their role in protecting insects from pesticides and their metabolites. In: Target Receptors in the Control of Insect Pests: Part Ⅱ, 2014: 1-72.

[75] Verrier PJ, Bird D, Burla B, et al. Plant ABC proteins——a unified nomenclature and updated inventory. Trends Plant Sci, 2008, 13(4): 151-159.

[76] 顾俊文, 张珀瑞, 王月琴, 等. ABC 转运蛋白介导鳞翅目害虫调控 Bt 抗性的研究进展. 沈阳农业大学学报, 2022, 53(4): 504-512.

[77] Sturm A, Cunningham P, Dean M. The ABC transporter gene family of *Daphnia pulex*. BMC genomics, 2009, 10: 170.

[78] Dean M, Annilo T. Evolution of the ATP-binding cassette (ABC) transporter superfamily in vertebrates. Annu Rev Genomics Hum Genet, 2005, 6: 123-142.

[79] Gottesman M M, Fojo T, Bates S E. Multidrug resistance in cancer: role of ATP-dependent transporters. Nature Reviews Cancer, 2002, 2(1): 48-58.

[80] Deeley R G, Westlake C, Cole S P. Transmembrane transport of endo-and xenobiotics by mammalian ATP-binding cassette multidrug resistance proteins. Physiological Reviews, 2006, 86(3): 849-899.

[81] Labbé R, Caveney S, Donly C. Genetic analysis of the xenobiotic resistance-associated ABC gene subfamilies of the Lepidoptera. Insect Molecular Biology, 2011, 20(2): 243-256.

[82] Tabashnik B E, Brevault T, Carriere Y. Insect resistance to Bt crops: lessons from the first billion acres. Nat Biotechnol, 2013, 31(6): 510-521.

[83] Tanaka S, Endo H, Adegawa S, et al. *Bombyx mori* ABC transporter C2 structures responsible for the receptor function of *Bacillus thuringiensis* Cry1Aa toxin. Insect biochemistry and molecular biology, 2017, 91: 44-54.

[84] Park Y, Gonzalez-Martinez R M, Navarro-Cerrillo G, et al. ABCC transporters mediate insect resistance to multiple Bt toxins revealed by bulk segregant analysis. BMC biology, 2014, 12: 46.

[85] Guo Z, Sun D, Kang S, et al. CRISPR/Cas9-mediated knockout of both the PxABCC2 and PxABCC3 genes confers high-level resistance to *Bacillus thuringiensis* Cry1Ac toxin in the diamondback moth, *Plutella xylostella* (L.). Insect biochemistry and molecular biology, 2019, 107: 31-38.

[86] Guo Z, Kang S, Zhu X, et al. Down-regulation of a novel ABC transporter gene (Pxwhite) is associated with Cry1Ac resistance in the diamondback moth, *Plutella xylostella* (L.). Insect biochemistry and molecular biology, 2015, 59: 30-40.

[87] Baxter S W, Zhao J Z, Shelton A M, et al. Genetic mapping of Bt-toxin binding proteins in a Cry1A-toxin resistant strain of diamondback moth *Plutella xylostella*. Insect biochemistry and molecular biology, Insect Biochemis try & Molecular Biology, 2008, 38(2): 125-135.

[88] Wang J, Ma H, Zhao S, et al. Functional redundancy of two ABC transporter proteins in mediating toxicity of *Bacillus thuringiensis* to cotton bollworm. PLoS Pathogens, 2020, 16(3): e1008427.

[89] Jin M, Yang Y, Shan Y, et al. Two ABC transporters are differentially involved in the toxicity of two *Bacillus thuringiensis* Cry1 toxins to the invasive crop-pest *Spodoptera frugiperda* (J. E. Smith). Pest management science, 2021, 77(3): 1492-1501.

[90] Wang S, Kain W, Wang P. *Bacillus thuringiensis* Cry1A toxins exert toxicity by multiple

pathways in insects. Insect biochemistry and molecular biology, 2018, 102: 59-66.

[91] Wang X, Xu Y, Huang J, et al. CRISPR-Mediated knockout of the ABCC2 gene in *Ostrinia furnacalis* confers high-level resistance to the *Bacillus thuringiensis* Cry1Fa toxin. Toxins, 2020, 12(4): 246.

[92] 许艳君. 亚洲玉米螟 ABCC2 基因敲除及其介导的 Cry1Fa 抗性研究. 南京: 南京农业大学, 2020.

[93] 高卿. ABCG4 基因介导的亚洲玉米螟对 Cry1 蛋白的抗性机制. 秦皇岛: 河北科技师范学院, 2022.

[94] 祁全梅, 李秋荣. 昆虫气味受体研究进展. 广东农业科学, 2022, 49(01): 111-120.

[95] 白鹏华, 王冰, 张仙红, 等. 昆虫气味受体的研究方法与进展. 昆虫学报, 2022, 65(03): 364-385.

[96] Marmol D J, Yedlin M A, Ruta V. The structural basis of odorant recognition in insect olfactory receptors. Nature, 2021, 597(7874): 126-131.

[97] Zhang S, Pang B, Zhang L. Novel odorant-binding proteins and their expression patterns in grasshopper, *Oedaleus asiaticus*. Biochem Biophys Res Commun, 2015, 460(2): 274-280.

[98] de Fouchier A, Walker W B, Montagne N, et al. Functional evolution of Lepidoptera olfactory receptors revealed by deorphanization of a moth repertoire. Nat Commun, 2017, 8: 15709.

[99] Bastin-Heline L, de Fouchier A, Cao S, et al. A novel lineage of candidate pheromone receptors for sex communication in moths. Elife, 2019: 8.

[100] Fleischer J, Pregitzer P, Breer H, et al. Access to the odor world: olfactory receptors and their role for signal transduction in insects. Cell Mol Life Sci, 2018, 75(3): 485-508.

[101] Breer H, Fleischer J, Pregitzer P, et al. Molecular mechanism of insect olfaction: olfactory receptors. Olfactory Concepts of Insect Control-Alternative to insecticides, 2019: 93-114.

[102] Buck L, Axel R. A novel multigene family may encode odorant receptors: a molecular basis for odor recognition. Cell, 1991, 65(1): 175-187.

[103] Parmentier M, Libert F, Schurmans S, et al. Expression of members of the putative olfactory receptor gene family in mammalian germ cells. Nature, 1992, 355(6359): 453- 455.

[104] Troemel E R, Chou J H, Dwyer N D, et al. Divergent seven transmembrane receptors are candidate chemosensory receptors in *C. elegans*. Cell, 1995, 83(2): 207-218.

[105] 游银伟, 张龙. 农业昆虫气味受体功能研究进展. 昆虫学报, 2021, 64(05): 627-644.

[106] 严曙玮. 绿盲蝽与苜蓿盲蝽气味受体基因的克隆和功能鉴定. 南京: 南京农业大学, 2015.

[107] 刘宁灿. 棉铃虫普通气味受体基因的鉴定及功能研究. 哈尔滨: 东北林业大学, 2014.

[108] 孔畅仪. 小菜蛾气味受体和离子型受体的克隆与表达. 哈尔滨：东北林业大学, 2014.

[109] 赵慧婷. 中华蜜蜂气味受体基因 Or1、Or2、Or3 的鉴定、表达及定位分析. 大同：山西农业大学, 2013.

[110] 罗世惠. 中华按蚊气味受体基因的全基因组鉴定及组织表达分析. 重庆：重庆师范大学, 2017.

[111] Yang B, Ozaki K, Ishikawa Y, et al. Identification of candidate odorant receptors in Asian corn borer *Ostrinia furnacalis*. PLoS One, 2015, 10(3): e0121261.

[112] Zhang T, Coates B S, Ge X, et al. Male- and female-biased gene expression of olfactory-related genes in the antennae of Asian corn borer, *Ostrinia furnacalis* (Guenee) (Lepidoptera: Crambidae). PLoS One, 2015, 10(6): e0128550.

[113] Yu J, Yang B, Chang Y, et al. Identification of a general odorant receptor for repellents in the Asian corn borer *Ostrinia furnacalis*. Frontiers in Physiology, 2020: 11.

[114] 张文璐, 王文强, 白树雄, 等. 亚洲玉米螟雌蛾产卵偏好寄主植物的筛选及对葎草挥发性化学成分的电生理反应. 昆虫学报, 2018, 61(2): 224-231.

[115] Butterwick J A, Del Marmol J, Kim K H, et al. Cryo-EM structure of the insect olfactory receptor Orco. Nature, 2018, 560(7719): 447-452.

[116] 刘伟. 棉铃虫和亚洲玉米螟对性信息素的识别机制研究. 北京：中国农业科学院, 2020.

[117] Byer J A. Pheromone component patterns of moth evolution revealed by computer analysis of the pherolist. J Anim Ecol, 2006, 75(2): 399-407.

[118] Groot A T, Horovitz J L, Hamilton J et al. Experimental evidence for interspecific directional selection on moth pheromone communication. Proceedings of the National Academy of Sciences, 2006, 103(15): 5858-5863.

[119] Ming Q L, Yan Y H, Wang C Z. Mechanisms of premating isolation between *Helicoverpa armigera* (Hubner) and *Helicoverpa assulta* (Guenee) (Lepidoptera: Noctuidae). J Insect Physiol, 2007, 53(2): 170-178.

[120] Baker T C. Balanced olfactory antagonism as a concept for understanding evolutionary shifts in moth sex pheromone blends. J Chem Ecol, 2008, 34(7): 971-981.

[121] Smadja C, Butlin R K. On the scent of speciation: the chemosensory system and its role in premating isolation. Heredity (Edinb), 2009, 102(1): 77-97.

[122] Groot A, Dekker T, Heckel D G. The genetic basis of pheromone evolution in moths. Annual review of entomology, 2016, 61: 99-117.

[123] Millar J G. Polyene hydrocarbons and epoxides: a second major class of lepidopteran sex attractant pheromones. Annual review of entomology, 2000, 45(1): 575-604.

[124] Ando T, Inomata S, Yamamoto M. Lepidopteran sex pheromones. Top Curr Chem, 2004, 239: 51-96.

[125] Grant G G, Millar J G, Trudel R. Pheromone identification of *Dioryctria abietivorella* (Lepidoptera: Pyralidae) from an eastern North American population: geographic variation in pheromone response. The Canadian Entomologist, 2012, 141(2): 129-135.

[126] 曹松. 蛾类性信息素受体研究进展. 昆虫学报, 2020, 63(12): 1546-1568.

[127] Löfstedt C, Kozlov M. A phylogenetic analysis of pheromone communication in primitive moths. Insect pheromone research: New directions, 1997: 473-489.

[128] Kozlov M V, Zhu J, Philipp P, et al. Pheromone specificity in *Eriocrania semipurpurella* (Stephens) and *E. sangii* (Wood)(Lepidoptera: Eriocraniidae) based on chirality of semio-chemicals. Journal of Chemical Ecology, 1996, 22: 431-454.

[129] Klun J A, Brindley T A. cis-11-Tetradecenyl acetate, a sex stimulant of the European corn borer. Journal of Economic Entomology, 1970, 63(3): 779-780.

[130] Roelofs W, Cardé R, Bartell R, et al. Sex attractant trapping of the European corn borer in New York. Environmental Entomology, 1972, 1(5): 606-608.

[131] Kochansky J, Cardé R, Liebherr J, et al. Sex pheromone of the European corn borer, *Ostrinia nubilalis* (Lepidoptera: Pyralidae), in New York. Journal of Chemical Ecology, 1975, 1: 225-231.

[132] Klun J, Bierl-Leonhardt B, Schwarz M, et al. Sex pheromone of the Asian corn borer moth. Life Sciences, 1980, 27(17): 1603-1606.

[133] Allen J E, Wanner K W. Asian corn borer pheromone binding protein 3, a candidate for evolving specificity to the 12-tetradecenyl acetate sex pheromone. Insect biochemistry and molecular biology, 2011, 41(3): 141-149.

[134] Roelofs W L, Rooney A P. Molecular genetics and evolution of pheromone biosynthesis in Lepidoptera. Proceedings of the National Academy of Sciences of the United States of America, 2003, 100(16): 9179-9184.

[135] Mazumder S, Dahal S R, Chaudhary B P, et al. Structure and function studies of Asian corn borer *Ostrinia furnacalis* pheromone binding protein2. Sci Rep, 2018, 8(1): 17105.

[136] Zacharuk R Y, Shields V D. Sensilla of immature insects. Annual Review of Entomology, 1991, 36(1): 331-354.

[137] Steinbrecht R A. Functional morphology of pheromone-sensitive sensilla//Pheromone biochemistry. Elsevier, 1987: 353-384.

[138] Stengl M. Pheromone transduction in moths. Front Cell Neurosci, 2010, 4: 133.

[139] Alexander R, Steinbrecht R A. Zur morphometrie der antenne des seidenspinners, *Bombyx*

mori L.: Zahl und Verteilung der Riechsensillen (Insecta, Lepidoptera). Zoomorphology, 1970, 68(2): 93-126.

[140] 任自立, 张清敏, 郭淑华. 亚洲玉米螟成虫触角的扫描电镜观察. 昆虫学报, 1987(01): 26-30+121-122.

[141] Venthur H, Mutis A, Zhou J J, et al. Ligand binding and homology modelling of insect odorant-binding proteins. Physiological Entomology, 2014, 39(3): 183-198.

[142] Vogt R G, Riddiford L M. Pheromone binding and inactivation by moth antennae. Nature, 1981, 293(5828): 161-163.

[143] Györgyi T K, Roby-Shemkovitz A J, Lerner M R. Characterization and cDNA cloning of the pheromone-binding protein from the tobacco hornworm, *Manduca sexta*: a tissue-specific developmentally regulated protein. Proceedings of the National Academy of Sciences, 1988, 85(24): 9851-9855.

[144] Sandler B H, Nikonova L, Leal W S, et al. Sexual attraction in the silkworm moth: structure of the pheromone-binding-protein-bombykol complex. Cell Chemical Biology 2000, 7(2): 143-151.

[145] Zhang T T, Mei X D, Feng J N, et al. Characterization of three pheromone-binding proteins (PBPs) of *Helicoverpa armigera* (Hubner) and their binding properties. J Insect Physiol, 2012, 58(7): 941-948.

[146] Zhang T, Sun Y, Wanner K W, et al.Binding affinity of five PBPs to Ostrinia sex pheromones. BMC Mol Biol, 2017, 18(1): 4.

[147] 孙雅琪. 亚洲玉米螟性信息素结合蛋白的功能研究. 沈阳: 沈阳农业大学, 2016.

[148] 李瑞. 草地贪夜蛾 *Antp*、*Ubx*、*Abd-B* 基因的功能研究. 郑州: 河南农业大学, 2021.

[149] Lewis E B. A gene complex controlling segmentation in Drosophila. Nature, 1978, 276 (5688): 565-570.

[150] McGinnis W, Garber R L, Wirz J, et al. A homologous protein-coding sequence in Droso-phila homeotic genes and its conservation in other metazoans. Cell, 1984, 37(2): 403-408.

[151] Bastianello A, Ronco M, Burato P A, et al. Hox gene sequences from the geophilomorph centipede *Pachymerium ferrugineum* (C. L. Koch, 1835) (Chilopoda: Geophilomorpha: Geophilidae): implications for the evolution of the Hox class genes of arthropods. Mol Phylogenet Evol, 2002, 22(1): 155-161.

[152] Krumlauf R. Hox genes in vertebrate development. Cell, 1994, 78(2): 191-201.

[153] McGinnis W, Krumlauf R. Homeobox genes and axial patterning. Cell, 1992, 68(2): 283-302.

[154] Averof M, Akam M. Hox genes and the diversification of insect and crustacean body plans.

Nature, 1995, 376(6539): 420-423.

[155] Heffer A, Xiang J, Pick L. Variation and constraint in Hox gene evolution. Proceedings of the National Academy of Sciences of the United States of America, 2013, 110(6): 2211-2216.

[156] Hughes C L, Kaufman T C. Hox genes and the evolution of the arthropod body plan 1. Development, 2002, 4(6): 459-499.

[157] 陈思洁. 家蚕 Hox 基因簇内 circRNA 的功能研究. 重庆: 西南大学, 2020.

[158] Chouinard S, Kaufman T C. Control of expression of the homeotic labial (lab) locus of *Drosophila melanogaster*: evidence for both positive and negative autogenous regulation. Development, 1991, 113(4): 1267-1280.

[159] Dhawan S, Gopinathan K P. Expression profiling of homeobox genes in silk gland development in the mulberry silkworm *Bombyx mori*. Dev Genes Evol, 2003, 213(11): 523-533.

[160] 方春燕. Hox 基因 Antennapedia 对昆虫翅发育的功能探究及机制解析. 重庆: 西南大学, 2021.

[161] Abzhanov A, Kaufman T C. Embryonic expression patterns of the *Hox* genes of the crayfish *Procambarus clarkii* (Crustacea, Decapoda). Evo Dev, 2000, 2(5): 271-283.

[162] Abzhanov A, Kaufman T C. Homeotic genes and the arthropod head: expression patterns of the labial, proboscipedia, and Deformed genes in crustaceans and insects. Proceedings of the National Academy of Sciences, 1999, 96(18): 10224-10229.

[163] 翟宗昭, 杨星科. Hox 基因与昆虫翅的特化. 昆虫学报, 2006(06): 1027-1033.

[164] Pattatucci A M, Otteson D C, Kaufman T C. A functional and structural analysis of the sex combs reduced locus of *Drosophila melanogaster*. Genetics, 1991, 129(2): 423-441.

[165] Geyer A, Koltsaki I, Hessinger C, et al. Impact of Ultrabithorax alternative splicing on *Drosophila* embryonic nervous system development. Mech Dev, 2015, 138 Pt 2: 177-189.

[166] Roch F, Akam M. Ultrabithorax and the control of cell morphology in *Drosophila* halteres. Development, 2000, 127(1): 97-107.

[167] Averof M, Patel N H. Crustacean appendage evolution associated with changes in *Hox* gene expression. Nature, 1997, 388(6643): 682-686.

[168] Kaufman T C, Lewis R, Wakimoto B. Cytogenetic analysis of chromosome 3 in *Drosophila melanogaster*: the homoeotic gene complex in polytene chromosome interval, 84A-B. Genetics, 1980, 94(1): 115-133.

[169] Struhl G. Genes controlling segmental specification in the *Drosophila* thorax. Proceedings of the National Academy of Sciences, 1982, 79(23): 7380-7384.

[170] Prasad N, Tarikere S, Khanale D, et al. A comparative genomic analysis of targets of Hox protein Ultrabithorax amongst distant insect species. Sci Rep, 2016, 6: 27885.

[171] Gebelein B, Culi J, Ryoo H D, et al. Specificity of Distalless repression and limb primordia development by abdominal Hox proteins. Developmental cell, 2002, 3(4): 487-498.

[172] Ronshaugen M, McGinnis N, McGinnis W. Hox protein mutation and macroevolution of the insect body plan. Nature, 2002, 415(6874): 914-917.

[173] Pan M H, Wang X Y, Chai C L, et al. Identification and function of Abdominal‐A in the silkworm, *Bombyx mori*. Insect molecular biology, 2009, 18(2): 155-160.

[174] Liu F, Li X, Zhao M, et al. Ultrabithorax is a key regulator for the dimorphism of wings, a main cause for the outbreak of planthoppers in rice. National Science Review, 2020, 7(7): 1181-1189.

[175] Deutsch J. Hox and wings. Bioessays, 2005, 27(7): 673-675.

[176] Cumberledge S, Szabad J, Sakonju S. Gonad formation and development requires the abd-A domain of the bithorax complex in *Drosophila melanogaster*. Development, 1992, 115(2): 395-402.

[177] Ponzielli R, Astier M, Chartier A, et al. Heart tube patterning in Drosophila requires integration of axial and segmental information provided by the Bithorax Complex genes and hedgehog signaling. Development, 2002, 129(19): 4509.

[178] Vachon G, Cohen B, Pfeifle C, et al. Homeotic genes of the Bithorax complex repress limb development in the abdomen of the *Drosophila* embryo through the target gene Distal-less. Cell, 1992, 71(3): 437-450.

[179] Harding K, Wedeen C, McGinnis W, et al. Spatially regulated expression of homeotic genes in *Drosophila*. Science, 1985, 229(4719): 1236-1242.

[180] Marchetti M, Fanti L, Berloco M, et al. Differential expression of the *Drosophila* BX-C in polytene chromosomes in cells of larval fat bodies: a cytological approach to identifying in vivo targets of the homeotic Ubx, Abd-A and Abd-B proteins. Development, 2003, 130(16): 3683-3689.

[181] Mathies L D, Kerridge S, Scott M P. Role of the teashirt gene in *Drosophila* midgut morphogenesis: secreted proteins mediate the action of homeotic genes. Development, 1994, 120(10): 2799-2809.

[182] Ueno K, Hui C, Fukuta M, et al. Molecular analysis of the deletion mutants in the E homeotic complex of the silkworm *Bombyx mori*. Development, 1992, 114(3): 555-563.

[183] Bi H L, Xu J, Tan A J, et al. CRISPR/Cas9-mediated targeted gene mutagenesis in *Spodoptera litura*. Insect Sci, 2016, 23(3): 469-477.

[184] Estrada B, Sánchez-Herrero E J. The Hox gene Abdominal-B antagonizes appendage development in the genital disc of *Drosophila*. Development, 2001, 128(3): 331-339.

[185] Kuziora M A, McGinnis W. Different transcripts of the *Drosophila* Abd-B gene correlate with distinct genetic sub-functions. The EMBO Journal, 1988, 7(10): 3233-3244.

[186] 张银. 拟穴青蟹早期发育转录组分析及 Hox 基因 SpUbx/SpAntp/SpAbd-A 功能初步研究. 汕头: 汕头大学, 2020.

[187] Celniker S E, Keelan D J, Lewis E J. The molecular genetics of the bithorax complex of *Drosophila*: characterization of the products of the Abdominal-B domain. Genes Dev, 1989, 3(9): 1424-1436.

[188] Tomita S, Kikuchi A. Abd-B suppresses lepidopteran proleg development in posterior abdomen. Dev Biol, 2009, 328(2): 403-409.

[189] Sánchez L, Gorfinkiel N, Guerrero I. Sex determination genes control the development of the *Drosophila* genital disc, modulating the response to Hedgehog, Wingless and Deca-pentaplegic signals. Development, 2001, 128(7): 1033-1043.

[190] 李婉婷. Hox 基因 *Abd-B* 负调控家蚕脂肪体自噬的研究. 重庆: 西南大学, 2021.

[191] Bi H, Merchant A, Gu J, et al. CRISPR/Cas9-mediated mutagenesis of abdominal-A and ultrabithorax in the Asian corn borer, *Ostrinia furnacalis*. Insects, 2022, 13(4).

[192] Abzhanov A, Holtzman S, Kaufman T C. The Drosophila proboscis is specified by two *Hox* genes, proboscipedia and Sex combs reduced, via repression of leg and antennal appendage genes. Development, 2001, 128(14): 2803.

[193] Martinez-Arias A, Ingham P, Scott M, et al. The spatial and temporal deployment of *Dfd* and *Scr* transcripts throughout development of *Drosophila*. Development, 1987, 100(4): 673-683.

[194] Chen P, Tong X L, Li D D, et al. Antennapedia is involved in the development of thoracic legs and segmentation in the silkworm, *Bombyx mori*. Heredity (Edinb), 2013, 111(3): 182-188.

[195] Singh N P, Mishra R K. Role of Abd-A and Abd-B in development of abdominal epithelia breaks posterior prevalence rule. PLoS genetics, 2014, 10(10): e1004717.

[196] Hopkins B R, Kopp A. Evolution of sexual development and sexual dimorphism in insects. Curr Opin Genet Dev, 2021, 69: 129-139.

[197] Otto S P. The evolutionary enigma of sex. Am Nat, 2009, 174 Suppl 1: S1-S14.

[198] Gempe T, Beye M. Function and evolution of sex determination mechanisms, genes and pathways in insects. Bioessays, 2011, 33(1): 52-60.

[199] Bachtrog D, Mank J E, Peichel C L, et al. Sex determination: why so many ways of doing

it? PLoS Biol, 2014, 12(7): e1001899.

[200] Sahara K, Yoshido A, Traut W. Sex chromosome evolution in moths and butterflies. Chromosome Res, 2012, 20(1): 83-94.

[201] Uller T, Pen I, Wapstra E, et al. The evolution of sex ratios and sex-determining systems. Trends Ecol Evol, 2007, 22(6): 292-297.

[202] Salz H K, Erickson J W. Sex determination in *Drosophila*: The view from the top. Fly (Austin), 2010, 4(1): 60-70.

[203] Harrison D A. Sex determination: controlling the master. Curr Biol, 2007, 17(9): R328-R330.

[204] Billeter J C, Rideout E J, Dornan A J, et al. Control of male sexual behavior in *Drosophila* by the sex determination pathway. Curr Biol, 2006, 16(17): R766-776.

[205] Murray S M, Yang S Y, van Doren M. Germ cell sex determination: a collaboration between soma and germline. Curr Opin Cell Biol, 2010, 22(6): 722-729.

[206] Burtis K C, Baker B S. *Drosophila* doublesex gene controls somatic sexual differentiation by producing alternatively spliced mRNAs encoding related sex-specific polypeptides. Cell, 1989, 56(6): 997-1010.

[207] Matson C K, Zarkower D. Sex and the singular DM domain: insights into sexual regulation, evolution and plasticity. Nat Rev Genet, 2012, 13(3): 163-174.

[208] Hall A B, Basu S, Jiang X, et al. A male-determining factor in the mosquito *Aedes aegypti*. Science, 2015, 348(6240): 1268-1270.

[209] Aryan A, Anderson M A, Biedler J K, et al. Nix alone is sufficient to convert female *Aedes aegypti* into fertile males and myo-sex is needed for male flight. Proceedings of the National Academy of Sciences of the United States of America, 2020, 117(30): 17702-17709.

[210] Sharma A, Heinze S D, Wu Y. Male sex in houseflies is determined by Mdmd, a paralog of the generic splice factor gene CWC22. Science, 2017, 356(6338): 642-645.

[211] Krzywinska E, Dennison N J, Lycett G J, et al. A maleness gene in the malaria mosquito *Anopheles gambiae*. Science, 2016, 353(6294): 67-69.

[212] Wang Y H, Chen X E, Yang Y, et al. The *Masc* gene product controls masculinization in the black cutworm, *Agrotis ipsilon*. Insect Sci, 2019, 26(6): 1037-1044.

[213] Suzuki M G. Sex determination: insights from the silkworm. J Genet, 2010, 89: 357-363.

[214] Fujii T, Shimada T. Sex determination in the silkworm, *Bombyx mori*: a female determinant on the W chromosome and the sex-determining gene cascade. Semin Cell Dev Biol, 2007, 18(3): 379-388.

[215] Katsuma S, Sugano Y, Kiuchi T, et al. Two conserved cysteine residues are required for the masculinizing activity of the silkworm masc protein. J Biol Chem, 2015, 290(43): 26114-26124.

[216] Kiuchi T, Sugano Y, Shimada T, et al. Two CCCH-type zinc finger domains in the Masc protein are dispensable for masculinization and dosage compensation in *Bombyx mori*. Insect biochemistry and molecular biology, 2019, 104: 30-38.

[217] Xu J, Chen S, Zeng B, et al. *Bombyx mori* P-element somatic inhibitor (BmPSI) is a key auxiliary factor for silkworm male sex determination. PLoS genetics, 2017, 13(1): e1006576.

[218] Xu J, Wang Y, Li Z, et al. Transcription activator-like effector nuclease (TALEN)-mediated female-specific sterility in the silkworm, *Bombyx mori*. Insect Mol Biol, 2014, 23(6): 800-807.

[219] Kageyama D, Nishimura G, Hoshizaki S, et al. Feminizing wolbachia in an insect, *Ostrinia furnacalis* (Lepidoptera: Crambidae). Heredity(Edinb), 2002, 88(6): 444-449.

[220] Fukui T, Kawamoto M, Shoji K, et al. The endosymbiotic bacterium wolbachia selectively kills male hosts by targeting the masculinizing gene. PLoS Pathog, 2015, 11(7): e1005048.

[221] Xu J, Zhan S, Chen S, et al. Sexually dimorphic traits in the silkworm, *Bombyx mori*, are regulated by *doublesex*. Insect biochemistry and molecular biology, 2017, 80: 42-51.

119

第5章

亚洲玉米螟的预测预报与防治

5.1 农业害虫调查与预测预报

亚洲玉米螟是亚洲及西太平洋地区对玉米最具破坏性的害虫。除了玉米，多食性的亚洲玉米螟还对棉花、高粱和小米等其他重要作物和蔬菜造成巨大损害，并从这些寄主植物扩散到田间的玉米上为害。这造成了严重的经济损失，因此我们迫切需要发展新的亚洲玉米螟管理策略。

有害生物综合治理（integrated pest management，IPM）的概念是在 20 世纪 40～60 年代单一依赖化学药剂防治导致"3R"[抗性（resistance）、再猖獗（resurgence）、残留（residue）]问题越来越突出的情况下发展起来的害虫综合治理。做好农作物害虫预测预报是正确贯彻植保方针的前提，也是制定害虫综合防治策略并付诸实施的先决条件，对确保粮棉丰产增收、果林健康生长、环境资源保护将产生显著的经济、社会和生态效益，对实现我国农业现代化有着重要意义。

害虫预测预报根据害虫发生规律及越冬虫源基数及天气状况对害虫的发生量、发生期、为害程度做出预测，掌握害虫的发生情况，采用合理的防治手段来保护农作物，保证农民收入[1]。目前主要以农业防治为主，物理化学防治为辅，对害虫预测预报是目前采用的大力发展安全绿色的生物防治手段。农业害虫的调查与预测预报为防治亚洲玉米螟提供了前期基础，在农作物的综合治理中，以真实准确的田间调查数据和科学分析的手段来指导，才能使防治工作做到有目的、有计划、有步骤、有成效地开展，从而达到预防及保护农作物安全健康生长的目的[2]。

农作物害虫预测预报是害虫综合管理重要的组成部分，是一项监测昆虫未来种群变动的重要工作。1955 年，我国农业部颁布了《农作物病虫预测预报方案》，首次制定了农作物病虫害预测预报方法，也是我国首次出台预测预报行业标准，并以此为依据广泛推广和试行。

我国植保工作者建立了大量的害虫预测模型。预测方法主要根据害虫种群过去和现在的变动规律、调查取样数据、作物物候、气象预报等资料，应用数理统计分析和先进的测报方法来进行常年预测预报工作，是正确估测害虫未来发生趋势，并向各级政府、植物保护站和生产专业户提供情报信息和咨询服务的一门应用技术。农作物害虫预测预报可按预测内容分类、按预测时间长短分类和按预测空间范围分类。

5.1.1　按预测内容分

（1）发生期预测　发生期预测主要基于发育起点和有效积温法则，具体来说，就是预测某种害虫的某种虫态或虫龄的出现期或为害期，主要根据当地害虫的化蛹的初期和盛期的时间来推测卵、幼虫的发生以及为害的初期和盛期。对具有迁飞、扩散习性的害虫，预测其迁出或进入本地的时期。从害虫生活史、物候学的角度，研究预测其发生期，以此作为确定防治适期的依据。

（2）发生量预测　发生量预测多将害虫数量按照一定标准转化成从轻微发生到大发生的 5 级发生程度。其中轻级为 1 级，指代害虫密度小，不需要进行化学防治；2 级为偏轻发生，一般通过农艺和保护天敌等措施可控制为害；3 级为中等发生，需要开展化学防治以减少损失；4 级为大发生，需要重点普防；5 级需要大面积普防，否则容易造成减产或绝收。预测所使用的模型主要有回归预测模型、模糊数学预测模型、随机预测模型等。预测害虫的发生数量或田间虫口密度并估测害虫未来的虫口数量是否有大发生的趋势和是否会达到防治指标。从害虫猖獗理论及农业技术经济学观点出发，运用多年积累的系统资料，以此作为中、长期预测的依据。

（3）迁飞害虫预测　迁飞性害虫的预测技术规范中通常都包含了雌蛾卵巢发育级别的识别方法，通常分为 4～5 个等级以识别发育历期、卵巢管长度、发育特征、脂肪细胞特点等技术指标。迁飞害虫的预测是根据害虫发生虫源或发生基地内的迁飞害虫发生动态、数量，及其生物、生态和生理学特性，以及各迁出迁入地区的作物生育期与季节相互衔接规律性变化，结合气象预测资料，来预测迁飞的时期、迁飞数量及作物虫害发生区域。

（4）为害程度预测及产量损失估计　在发生期、发生量等预测的基础上，根据作物栽培与害虫猖獗相结合的观点，进一步研究预测某种作物对虫害最敏感时期，即危险生育期，是否完全与害虫破坏力、侵入力最强而虫数最多的时期相遇，从而推断虫灾的轻重或所造成损失的大小；配合发生量预测进一步划分防治对象田，确定防治次数并选择合适的防治方法，控制或减少为害损失。

5.1.2　按预测时间长短分

（1）短期预测　短期预测的期限在 20d 以内。一般做法是根据害虫的一两个虫态的发生情况，推算后一两个虫态的发生时期和数量，以确定未来的防治时期、次数和防治方法。例如，根据亚洲玉米螟前一代田间化蛹进度及初代为害时期及情况来确定利用赤眼蜂对次代玉米螟进行生物防治或施药时期。

（2）中期预测　中期预测的期限，一般为 20 天到一个季度，常在 1 个月以上。但视害虫种类不同，期限的长短可有很大的差别。如 1 年 1 代、1 年数代、1 年 10 多代的害虫，采用同一方法预测的期限就不同。通常是预测下一个世代的发生情况，以确定防治对策和部署。

（3）长期预测　长期预测的期限常在一个季度或一年以上。预测时期的长短仍视害虫种类不同和生殖周期长短而定。生殖周期短，繁殖速度快，预测期限就短，否则就长，甚至可以跨年。害虫发生趋势的长期预测，通常根据越冬后或年初某种害虫的越冬有效虫口基数及气象资料等，在年初做出其全年发生动态和灾害程度的预测预报。

5.1.3　按预测空间范围分

（1）迁出区虫源预测　是指在一定环境条件影响下，昆虫从发生地区迁出或从外地迁入的行为活动，是种群行为。迁出区虫源预测主要查明迁出区的虫源基数和发育进度，是属于迁出型还是本地型虫源，应分别组织实施预测。

（2）迁入区虫源预测　迁入区虫源预测主要查明迁入地区的气候条件、作物长势和生育期阶段，以及迁入区的虫情，预测迁入害虫未来发生趋势。针对亚洲玉米螟的预测预报主要针对其越冬后幼虫存活率及残存量调查、化蛹和羽化进度调查、成虫数量调查和幼虫数量及为害情况调查[3]。对亚洲玉米螟成虫的调查主要使用灯诱的形式，使用 20W 的黑光灯（波长为 360nm）进行诱测，如果使用 200W 的白炽灯（波长 400～780nm）或者 20W 的黑光灯，灯的照度要超过自然环境照度 8 倍以上才能起到引诱的作用。再有就是性诱，主要配备性诱剂，通过统一的诱芯进行诱集，诱捕器在田间的距离为 50m，设置 3 个呈三角形的排列，且 30d 更换一次诱芯。培育健壮植物，增强植物抗寒、耐寒和自身补偿能力，是减少有害生物为害损失的一种植物保护措施，它是有害生物综合治理的基础措施，其最大优点是不需要过多的额外投入，且易与其他措施相配套。此外，推广有效的农业防治措施，常可在大范围内减轻有害生物的发生程度[4]。

种群密度是表征种群数量及其在时间、空间上分布的一个基本统计量。种群密度可分为绝对密度和相对密度，前者是指一定面积或容量内害虫的总体数，如每公顷或者每吨作物内的某害虫数量。这在实际中是不可能直接查到的。亚洲玉米螟的田间调查主要是调查种群的相对密度。通常采取通过一定数量的小样本取样，例如每平方米、每株、每千克等，利用一定的取样工具，例如捕虫器、扫网中的虫数来表征种群的相对密度。常用于害虫预测预报的种群相对密度调查方法主要有五类：直接观察法诱集、振落法、扫网法、吸虫器法和标记回捕法[5]。

亚洲玉米螟的预报方法：首先主要在玉米螟越冬幼虫化蛹前，在开春左右田间调查一次虫口密度，主要针对堆放的玉米秸秆垛上的越冬幼虫随机剥查 200 秆，调查玉米螟的幼虫个数，估算出百株活虫数及幼虫存活率。其次，对玉米螟化蛹和羽化进度进行调查，在初夏季，对蛹期虫子的调查，在西中部地区（白城、长春和四平）从 5 月 25 日～7 月 15 日，东部地区（通化、吉林、延边、东丰及伊通县）调查玉米螟化蛹率，每次调查 30 头以上，化蛹率=(活蛹数+死蛹数+蛹壳)/(活幼虫+活蛹+死蛹+蛹壳)×100%。对成虫期玉米螟采用黑光灯诱测成虫，统计成虫数量，并推测卵和幼虫发生初期和盛期的时间[6]。

5.2 亚洲玉米螟的防治

亚洲玉米螟是全变态昆虫，有卵、幼虫、蛹和成虫四个不同龄期，可根据其不同的变态时期和为害特点，选用不同防治方法对其进行防控。针对玉米螟卵期，可释放生防物种赤眼蜂通过寄生卵进行防治[7]。幼虫期可用化学农药如有机磷类杀虫剂，或者生物制剂如苏云金芽孢杆菌对其进行防治[8]；对于成虫期，利用昆虫的趋光和性激素吸引行为，通过性诱剂、UV 灯光诱技术促使昆虫聚集后集中消灭，具有高效、环保、安全不产生抗性等特点，是生物防治发展的主要方向[9]。

5.2.1　亚洲玉米螟的农业防治

亚洲玉米螟的农业防治主要技术措施包括以下几种[10]。

（1）建立合理的耕作制度　耕作制度的改变会引起相应的农田生态条件和生物群落组成的变化。这些变化可导致某些有害生物为害减轻，而另一些有害生物为害加重。

（2）合理布局　农作物的合理布局不仅有利于充分利用土壤肥力、光照和其他环境资源，提高农作物的产量，而且可以创造不利于害虫发生的环境，抑制害虫的大发生。如根据亚洲玉米螟成虫产卵有趋向高大、茂密玉米的习性，可以种植玉米、谷子早播诱集田块或诱集带，通过加强水肥管理，使其生长茂密，以便诱集成虫大量产卵，集中防治。

（3）轮作　对于有害生物，特别是土传病害和单食性或寡食性害虫，轮作可以起到破坏循环链、恶化营养条件的作用，例如，东北实行禾本科作物与大豆轮作，可抑制亚洲玉米螟的大范围侵害。

（4）加强栽培管理　通过合理的播种期、优化水肥管理和调节环境因素等栽培措施，创造适宜于作物生长而不利于病、虫、草的发生与繁育的条件，减少其为害。

（5）合理播种　播种期、播种深度和种植密度均对控制病虫害的发生有着重要影响。针对亚洲玉米螟的发生为害程度进行预测预报，推算出亚洲玉米螟为害玉米的严重时期，适时延迟或提早耕种时间，适当调节播期也能躲避为害。

（6）合理施肥与灌溉　肥力适当是作物健康生长、粮食获得高产的有力措施，同时在控制病虫害上有多方面作用。水的管理不当，会造成田间湿度过高，合理灌、排水不仅可以改善农作物营养条件，提高抗寒及补偿能力，还可直接减轻病害发生，同时也能加速虫伤的愈合，或恶化土壤害虫的生活条件。

（7）深耕土地与晒田　深翻土地能改变土壤的生态条件，抑制有害生物的生存。将原来在土壤深层的病、虫、杂草种子翻至地表，破坏了潜伏场所，通过日光曝晒或冷冻使有些原来在土壤表层的病、虫、杂草种子被翻入深层，使其不能出土而死。目前玉米种植收割方式通常把玉米秸秆根茬留在土内，用掩埋的方式减少田间玉米螟在根茬中的越冬和存活的虫量[11]。

（8）清洁田园　即通过深耕灭茬、拔除病虫株、铲除发病中心和清除田间病残体等措施，处理越冬寄主，压低越冬虫源，从而达到减轻或控制病虫害的目的。作物收获后彻底清除、集中深埋或烧毁遗留在田间的植物残体，铲除田间杂草，可减少病虫的越冬或越夏基数[12]，这一措施对多年生作物或连作作物尤为重要。玉米螟幼虫在玉米秸秆、苍耳等杂草茎秆内越冬，清除和销毁村边、田间、地头杂草和残留玉米秸秆，是减少当年第一代玉米螟成虫发生最有效的措施之一[13]。

（9）选育和利用抗螟品种　选育和利用抗螟品种是防治亚洲玉米螟最经济、有效和安全的措施，在亚洲玉米螟为害严重的地区应积极培育和引进抗螟丰产品种[14]。在我国，许多大范围流行的重要病虫害，如小麦秆锈病和条锈病、玉米大斑病和小斑病、棉铃实夜蛾等，均是通过大面积推广种植抗性品种而得到控制的。随着科学技术的发展，现代生物技术被广泛应用于抗虫育种工作，以及通过基因工程技术获得被国家批准种植的转基因抗病虫植株等[15]。例如，利用基因工程技术，将苏云金芽孢杆菌的杀虫晶体蛋白合成基因转入玉米中，使玉米能表达具有杀虫活性的 Bt 蛋白，鳞翅目害虫幼虫在取食玉米后会中毒死亡，可以轻松并高效避免亚洲玉米螟的为害。目前，我国已获批多个转基因抗虫玉米批准种植证书[16]。当玉米生长到心叶末期花叶率达10%时或在玉米大喇叭口期，田间开始出现玉米螟卵块，或者有虫咬口约 5%的虫株率时可用药普治。可用 100 亿孢子/mL 苏云金芽孢杆菌500 倍液或 100 亿活芽孢/g 杀螟杆菌粉剂 100g 或 1.8%阿维菌素乳油、3.2%阿维菌素乳油 100mL 防治。

我国于 1975 年制定了"预防为主，综合防治"的植物保护方针。1979 年，我国生态学家马世骏教授提出了害虫综合防治的思想，即"从生态系统的整体观点出发，本着预防为主的指导思想和安全、有效、经济、简便的原则，因地因时制宜，合理运用农业的、生物的、化学的、物理的方法，以及其他有效的生态手段，把害虫控制在不足为害的水平，以达到保护人畜健康和增产的目的"。目前，有害生物综合治理的概念日益完善，它是对有害生物的一种管理系统，按照有害生物的种群动态及其与环境的关系，尽可能协调运用适当的技术和方法，使其种群密度保持在经济损害水平以下。害虫综合治理的特点主要有允许害虫在经济损害水平下继续存在，不要求彻底消灭害虫、以生态系统为管理单位、充分利用自然控制因素管理害虫、强调多种防治措施间的相互协调和综合、经济效益和社会效益及生态效益全盘考虑。亚洲玉米螟作为典型的农业害虫，其防治应该贯彻综合防治的指导思想。以农业防治为基础，做好作物布局，选种抗螟丰产品种，因地制宜处理越冬寄主，以压低发生基数。积极推广生物防治技术，协调好药剂防治与生物防治的关系，保护利用自然天敌，遵循有害生物综合治理理念。

亚洲玉米螟的农业防治具有很大的局限性：第一，农业防治须服从丰产要求，不能单独从有害生物防治的角度去考虑问题；第二，农业防治措施往往在控制一些病虫害的同时，引发另一些病虫害，因此，实施时必须针对当地主要病虫害综合考虑、权衡利弊、因地制宜；第三，农业防治具有较强的地域性和季节性，且多为预防性措施，在病虫害已经大发生时，防治效果不大，但如果很好地加以利用，则会成为综合治理有效的一环，在不增加额外投入的情况下降低有害生物的种群数量，甚至可以持续控制某些有害生物的大发生。在害虫发生期和为害期进行卵和各龄幼虫的系统调查，当幼虫达到2～3龄时对其进行大规模大田普查，以提供更为准确的调查和预报，对发育过程进行分级来推算羽化期，这对适时防治害虫非常重要。

5.2.2　亚洲玉米螟的物理防治

物理防治是指利用各种物理因子、人工和器械防治有害生物的植物保护措施。常用方法有人工和简单机械捕杀、诱杀、温湿度控制、阻隔分离和微波辐射等。物理防治见效快，常可把害虫消灭在盛发期前，也可作为害虫大量发生时的一种应急措施[17]。这种技术具有比较费工、效率较低的缺点，但操作方法简单，成本较低，不污染环境，一般作为一种辅助防治措施，但对于一些用其他方法难以解决的病虫害，尤其是当有害生物大发生时，往往是一种有效的应急防治手段。另外，随着遥感和自动化技术的发展，加之物理防治器具易于商品化的特点，这一防治技术也将有较好的发展[18]。

针对亚洲玉米螟进行的物理防治措施主要为诱杀，利用亚洲玉米螟的趋光性[19]、趋化性和一些其他习性进行诱杀。例如，利用亚洲玉米螟对光的趋性采用黑光灯或者高压汞灯结合诱集箱进行诱杀，利用鳞翅目共同的趋光性对亚洲玉米螟进行灯诱，对亚洲玉米螟越冬初代成虫进行灯诱，既可以调查亚洲玉米螟发生数量，又可以起到降低玉米螟后续代数发生为害程度的作用。在其大发生时，能有效降低害虫数量，降低害虫落卵量。或利用糖醋液进行诱杀，在糖醋液内加杀虫剂可以诱杀包含亚洲玉米螟的多种鳞翅目成虫。利用性诱剂与水盆配合诱捕雄蛾，亚洲玉米螟一般大面积集中羽化，在此期间在农田周围设置性激素设备，对亚洲玉米螟诱杀，可降低雄性数量、减少交配次数、减少卵量、压低害虫数量[20]。

5.2.3 亚洲玉米螟的化学防治

化学防治（chemical control）是利用化学农药防治有害生物的一种防治技术，一般采用浸种、拌种、毒饵、喷粉、喷雾和熏蒸等方法。亚洲玉米螟目前在田间的防治主要以化学防治为主，尤其是在亚洲玉米螟严重发生的年份。早在20世纪50～60年代就有研究利用农药六六六液灌玉米心叶来进行玉米螟防治工作，在玉米的心叶部位对喇叭口内进行颗粒剂灌药可以有效解决这个问题，既可以有效防控一代玉米螟，又能防治二代玉米螟。我国第一个农药颗粒剂剂型为滴滴涕

（DDT）与六六六混合颗粒剂，一经推广便起到不错的防治效果，但推广多年后因残留污染问题被停止使用[21]。用液体药剂在心叶期进行液灌并不能确保幼虫会接触药剂，从而达到长效杀虫的防治效果；用颗粒剂防治亚洲玉米螟的关键就是能保证施药时药剂与亚洲玉米螟接触、施药后农药能持续对亚洲玉米螟幼虫发挥作用。

虽然化学防治有可能会导致人、畜中毒，污染环境，害虫产生抗药性，杀伤天敌，引起次要害虫再猖獗等，但是在害虫大量发生的情况下，其可以及时消灭害虫，降低害虫数量，并且不受地域和季节性的影响，因而化学防治在农作物的病害防治中扮演着重要作用[22]。主要是通过开发适宜的化学农药品种，并加工成适当的剂型，利用适当的机械和方法处理作物植株、种子或土壤等，来杀死有害生物或阻止其侵染为害。通常所说的药剂防治与化学防治不尽相同，前者泛指利用各种农药进行防治，而后者则特指利用化学农药进行防治[23]。防治亚洲玉米螟的农药品种很多，作用范围很广，按不同角度可对农药进行分类。

（1）根据作用范围分类　用于防治害虫的药剂称为杀虫剂。许多杀虫剂兼有杀螨作用，所以一般兼有杀螨作用的杀虫剂也称为杀虫杀螨剂。专门用于杀螨的化学药剂称为杀螨剂。大多数杀虫剂不能防治植物病害，但少数品种兼有杀虫和防病作用。在所有的化学农药中，以杀虫剂的种类最多，用量最大。

（2）按原料来源及成分分类

①　无机杀虫剂　主要由天然矿物质原料加工、配制而成，故又称矿物性杀虫剂，如磷化铝、白砒。

②　有机杀虫剂　主要由碳、氢元素构成，且大多数可用有机化学合成方法制得。目前所用的杀虫剂绝大多数属于这一类。又分为天然有机杀虫剂和微生物杀虫剂。前者包括植物性杀虫剂，如烟草、除虫菊、鱼藤、印楝等；矿物油杀虫剂，主要是指由矿物油类加入乳化剂或肥皂加热调制而成的杀虫剂，如石油乳剂等。后者主要是指用微生物体或其代谢产物所制成的杀虫剂，如 Bt 乳剂、白僵菌粉剂等。

③　人工合成有机农药　即用化学手段合成的可作为杀虫剂的有

机化合物。按其功能基团或结构核心又可分为有机氯、有机磷、有机氮和有机硫杀虫剂等。按作用原理及作用方式可将杀虫剂分为胃毒、触杀、熏蒸、内吸、拒食、驱避、引诱、不育和生长发育调节剂。胃毒剂：昆虫吞食药剂后引起的中毒作用。药剂被吞食到达中肠后通过肠壁进入血腔，并随血液流动很快传至全身，引起中毒。触杀剂：通过害虫体表的接触，从表皮及气孔或附肢等部位进入虫体。熏蒸剂：药剂以气体形式通过昆虫的呼吸系统进入虫体而发挥中毒作用。内吸剂：药剂施用到植物体上后，先被植物体吸收，然后传导至植物体的各部，害虫吸食植物的汁液后即可中毒。拒食剂：可影响害虫的味觉器官，使其厌食或宁可饿死也不取食，最后因饥饿逐渐死亡，或因摄取营养不够而不能正常发育。驱避剂：施用于被保护对象表面，依靠其物理、化学作用（如颜色、气味等）使害虫不愿接近或发生转移、潜逃现象，从而达到保护寄主植物的目的。引诱剂：使用后依靠其物理、化学作用（如光、颜色、气味、微波信号等）可使害虫聚集而利于消灭。不育剂：使用后使害虫丧失繁殖能力，虽能与田间正常的个体交配，但不能繁殖后代。生长发育调节剂：对害虫的生长发育起控制和调节作用的一类化学物质，如保幼激素类似物和蜕皮激素类似物等。目前使用的化学农药多为有机合成农药。有机合成药剂的剂型主要有下列几种。粉剂（DP）为喷粉或撒粉用的剂型，是一种微细的粉末，粉粒直径在 100μm 以下。粉剂中除原药外，还有填充料。例如，2%的杀螟松粉剂，除含有 2%的有效成分外，其余都是填充粉。可湿性粉剂（WP）为喷雾用的剂型，也是一种微细的粉末，粉粒的直径在 74μm 以下。除原药外，还有湿润剂及填充粉。可湿性粉剂的药效期比粉剂长，黏着力也较强。乳剂或乳油（EC）为喷雾用的剂型。有机合成农药的乳剂主要包括三种成分，即原药、有机溶剂和乳化剂。乳剂加水后即形成乳状液，然后喷雾。乳剂中因含有油类物质，故其黏着性及渗透性均较强，因而其药效持久，杀虫作用也较强。水剂（AS）由水溶性药剂不经加工直接制成，使用时加水即可，如 25%杀虫脒水剂。水剂农药成本低，但不耐贮藏，湿润性差，残效期也较短。颗粒剂（GR）把药剂加工成粒径为 0.25～1.5mm 的颗粒状。颗粒剂的组成有两部分，即农药和载体。颗粒剂也可用土法自制，其载体可选用沙子、黏土、炉灰渣及锯末等，先用 30 目及 60 目筛筛出载体，然后喷上农药或混拌农药，即成颗粒剂，可用以防治玉米螟、地下虫等。缓释剂（BR）是一种新的剂型，是用物理或化学方法把原药储存于药剂的加工品中，使毒性可控制地、缓慢地释放出来，而起到杀虫作用。例如，一种微粒胶囊剂就是缓释剂，它是在农药微粒的外面包上一层塑料外衣，胶囊很小，一般为 40～50μm，也可根据要求而定。烟剂（FU）是用杀虫剂原药、燃料（如木屑粉、淀粉等）、氧化剂（又称助燃剂，如氯酸钾、硝酸钾等）、消燃剂（如陶土、滑石粉等）制成的粉状混合物（细度全部通过 80 目筛）。有效成分因受热而气化，在空气中受冷却又凝聚成固体微粒（直径一般为 1～2um），可沉积在植物体上，对害虫有良好的触杀和胃毒作用，又可通过害虫的呼吸道进入虫体内引起中毒。烟剂的使用受环境（尤以气流）影响很大，一般用于防治密闭环境中的害虫，如保护地、森林、仓库和卫生害虫。其他剂型还有超低量喷雾剂（一般为含有效成分 20%～50%的油剂，不需稀释而直接喷用）、片剂（将杀虫剂原粉、填料和辅助剂制成片状，如磷化铝片剂，在空气中吸湿而放出磷化氢以防治仓库害虫）等。

　　化学防治的目的就是使用最有效的药剂，以较低的使用量、较少的使用次数，采取简单操作的方法，取到最佳的防治效果。根据不同的情况，可以分别采取种子和幼苗处理、植株喷施药物和土壤处理等手段。因化学防治具有杀伤力强、防治效果明显的特点，目前，在玉米螟生长期使用有机磷类杀虫剂辛硫磷等制成粉剂，颗粒剂与拟除虫菊酯类农药混用喷施，可以高效防控玉米螟。在玉米螟根部区域喷施内吸性杀虫剂如氯虫苯甲酰胺具有显著的防治效果[24]。随着绿色防控技术的推广，在亚洲玉米螟化学防治上逐渐摒弃了高毒高残留的化学药剂，如呋喃丹、敌敌畏等，取而代之的是低毒、低残留的化学药剂，近几年由于低毒无公害的化学药剂和生物农药的大力发展，阿维菌素乳油和苏云金杆菌等药剂在亚洲玉米螟的防治上广泛应用[25]。白僵菌具有疏水作用强、水溶性差等特点，主要剂型为粉剂、颗粒剂、水悬浮剂、油悬浮剂等，需要人工抛洒或机器施药，药液喷洒于植物叶面，而害虫产卵主要在叶背，致使施用效率低、耗费人工[26]。

由于玉米生长后期植株较高，田间种植密度较大，化学药剂的施用操作具有一定的难度，传统的药剂喷洒方式主要依靠人工喷药，虽然保证了药剂喷雾效果，但田间气温高、空气流动差，容易导致施药者中毒或产生不适症状，加上当前人工作业成本高，不利于玉米整体的经济利益长久发展。随着农业科学技术的飞速发展，中小型的高架喷药机械在近年来取得了一定的发展和广泛应用。此外，在玉米生长后期，考虑到玉米病害的发生和亚洲玉米螟的发生程度，农业部门一般提倡联合防治，即同时防治玉米病害和虫害，减少喷药次数，提高喷药效果，通过提高植保作业施药技术水平，加强病虫害的防治效果，提高生态效益，起到保障玉米产量、提高社会和经济效益的双重效果。

亚洲玉米螟进行化学防治主要控制在玉米的心叶期和穗期这两个关键时期[27]。在玉米到达心叶期后，观察田间玉米植株是否有亚洲玉米螟为害状况，如连珠孔等。在玉米心叶期末期，施用农药颗粒剂进行化学防治，毒杀玉米心叶内亚洲玉米螟的弱龄幼虫，常用药剂有辛硫磷颗粒剂、甲萘威颗粒剂或杀虫双大颗粒等。在穗期进行化学防治控制亚洲玉米螟为害的手段为：在穗期的虫穗率达到 10%或百穗花丝有虫半数时，在抽穗盛期将辛硫磷颗粒剂或甲萘威颗粒剂等撒在玉米的雌穗着生节的叶腋及其上 2 叶和下 1 叶的叶腋与雌穗顶的花丝上，也可以用敌敌畏液滴注穗顶。如果虫穗率超过 30%，6～8 天后再防治一次。亚洲玉米螟作为一种杂食性农业害虫，在棉花、高粱、谷子上也会进行为害。棉花田在 3 代亚洲玉米螟卵孵化高峰期可以使用敌百虫喷雾；谷子田中亚洲玉米螟在孵化后的 5 天左右是进行药剂防治的关键时期，在谷子气生根处进行化学防治。

四唑虫酰胺对亚洲玉米螟的半数致死量为 0.303μg/g，且经过四唑虫酰胺致死浓度处理后的亚洲玉米螟出现幼虫和蛹期延长、雌性产卵率降低的情况[28]。研究者采用浸虫法测定了亚洲玉米螟 3 龄幼虫对 4

种杀虫剂的敏感性，测定结果表明：药剂处理 24h 后，毒力指数大小顺序为 45%毒死蜱 EC＞40%辛硫磷 EC＞5%氯氰菊酯 EC＞15%阿维·三唑磷 EC，半数致死浓度（LC_{50}）值分别是 42.729mg/L、56.839mg/L、106.688mg/L 和 933.447mg/L；药剂处理 48h 后，毒力指数大小顺序和 24h 相同，LC_{50} 值分别是 20.536mg/L、31.461mg/L、32.410mg/L 和 202.144mg/L；处理 72h 后，毒力指数大小顺序为 5%氯氰菊酯 EC＞45%毒死蜱 EC＞40%辛硫磷 EC＞15%阿维·三唑磷 EC，LC_{50} 值分别是 10.072mg/L、11.881mg/L、12.825mg/L 和 39.568mg/L。因此，可选用低毒的 45%毒死蜱 EC 和 5%氯氰菊酯 EC 来降低田间亚洲玉米螟虫口密度[29]。在黑龙江省玉米种植区的田间对亚洲玉米螟的防治实验说明，相比较球孢白僵菌、苏云金杆菌、四氯虫酰胺、高效氟氯菊酯乳油，玉米心叶末期施用 100 亿孢子/mL 短稳杆菌悬浮液对玉米螟的防治及增产效果最好，能够达到减药、控害、增产、绿色的目的[30]。

5.2.4　亚洲玉米螟的生物防治

生物防治（biological control）是利用有益生物及其代谢产物控制有害生物种群数量的一种防治技术。在自然界中，生物之间是相互依存、相互制约而存在的，通过取食和被取食的关系联系在一起，使生物之间保持着一个动态的平衡，这是生物防治的理论依据[31]。

生物农药的应用历史悠久，中国古代使用芒草、嘉草等植物灭杀害虫，欧美地区则用烟草萃取液、烟草、石灰粉、除虫菊粉、鱼藤根粉灭杀害虫[32]。以烟草、松脂、除虫菊、鱼藤、红海葱、马钱子等有杀虫功能的植物为代表的植物源农药，以由天然矿物原料加工制成的硫黄、硫酸铜、矿物油等为代表的无机农药，它们在人类历史的大部分时间占据了农药使用领域的主导地位。自 20 世纪 40 年代起，植物源农药和无机农药被逐渐取代，人类进入化学合成农药的时代[33]。早在公元 304 年，我国就开始利用黄猄蚁（*Oecophylla smaragdina*）防治柑橘害虫并沿用至今。1888 年美国从澳大利亚引进澳洲瓢虫（*Rodolia cardinalis*），成功控制了柑橘吹绵蚧（*Icerya purchasi*）的严重为害，是害虫生物防治史上的一个里程碑[34]。1919 年，Smith 提出"通过捕食性、寄生性天敌昆虫及病原菌的引入、增殖和散放，来控制另一种害虫"的传统生物防治概念。19 世纪后期天敌引种的成功以及生态学的发展促进了这一技术的迅速发展，但 20 世纪中期兴起的化学防治，严重地干扰了生物防治的研究和发展，直至化学农药的"3R"问题显现以后，这一领域才再度受到重视。改革开放后，我国化学农药的发展进入腾飞期，逐渐占据农药应用的主要市场。尽管如此，以苏云金芽孢杆菌、白僵菌、绿僵菌、木霉菌为代表的微生物农药，以苦参碱为代表的植物源农药，以诱虫烯、梨小食心虫信息素为代表的昆虫信息素和以氨基寡糖素为代表的植物生长调节剂的研发仍然取得了极大的进步。受限于当时的政策和生产效率，我国生物农药的应用远远落后于化学农药。进入 21 世纪，在环境保护、可持续发展等理念的支持下，生物农药的发展获得了越来越大的空间[35]。但从有害生物治理和农业生产的角度看，生物防治仍具有很大的局限性，相对于农药的价格高昂，尚无法满足农业生产和有害生物治理的需要。

在自然界，各种生物通过食物链和生活环境等相互联系、相互制约，形成复杂的生物群落和生态系统，其中任何生物或非生物因素的改变，均会导致不同生物种群数量的变化。在农田生态系统中，由于创造条件以确保作物的绝对优势，使农田生物群落大大简化，削弱了生物之间的相互制约能力，常常导致直接以作物为取食寄主的有害生物暴发危害。生物防治就是根据生物之间的相互关系，人为地增加有益生物的种群数量，从而达到控制有害生物的效果[23]。从保护生态环境和可持续发展的角度讲，生物防治是最好的有害生物防治方法之一。第一，生物防治对人、畜安全，对环境影响极小；尤其是利用活体生物防治病、虫、草害，由于天敌的寄主专化性，不仅对人、畜安全，而且也不存在残留和环境污染问题。第二，活体生物防治对有害生物可以达到长期控制的目的，而且不易产生抗性问题。第三，生物防治的自然资源丰富，易于开发。此外，生物防治成本相对较低。从发展角度看，面对环境和可持续发展问题，生物防治措施与生态环境保护具有相融性，与农业可持续发展具有统一性。生物防治强调发挥自然天敌的控制作用，通过保护利用自然天敌、输引外地天敌、繁殖释放天敌和应用生物农药防治有害生物，可以维持农田生态系统的物种多样性，使生态系统向良性循环方向发展，符合自然发展规律。赤眼蜂作为寄生性天敌昆虫，可寄生玉米螟的卵，在世界范围内在田间释放并广泛用来防治多种农业害虫[36]。除了寄生蜂以外，杀虫灯诱杀玉米螟成虫、微生物杀虫剂喷施等技术措施都充分发挥了时空组合效能，覆盖昆虫发展的各个阶段，实现多种技术措施优势互补，为玉米螟综合防治技术田间应用提供了高效的生产力保障。

在昆虫病原微生物中，苏云金芽孢杆菌是一种在国际上普遍使用的生防细菌。芽孢杆菌的生防机制有次生代谢物抑菌作用、植物-芽孢杆菌-病原菌互作、生物膜的竞争作用与诱导植物抗性等[37]。通过对其生防机制的研究，可推进生防芽孢杆菌剂商业化生产，并在农业上推广应用。在芽孢杆菌中，苏云金芽孢杆菌是近年研究最深入且应用最为广泛的微生物杀虫剂，在害虫防治中发挥了巨大作用。苏云金芽孢杆菌 Cry1 类的菌株可产生内毒素及外毒素，使害虫在中毒后停止进食而死[38]。另外，使用该菌后昆虫会产生细胞破裂、神经中毒和血液败坏等症状。人们也试图关注其他细菌，并尝试用于生物防治，近年来将外源 Cry 毒蛋白基因转入玉米已成为各国科学家研究的重要课题之一，与现有的其他害虫防治措施相比转 Bt 毒蛋白基因玉米能更好地控制玉米螟[39]。球孢白僵菌作为应用最广的生物防治真菌，白僵菌寄生在昆虫体内，并在其体内越冬，第二年白僵菌萌发使寄主死亡。

回顾我国生物农药发展历史，苏云金芽孢杆菌、白僵菌、昆虫多角体病毒、鱼藤根粉、印楝素、昆虫信息素等生物农药在中华人民共和国成立后得到迅速发展[25]。20 世纪 60 年代，鱼藤根粉防治蔬菜和茶树害虫、白僵菌防治松毛虫等生物防治技术在我国得到了大面积的推广[40]。现阶段球孢白僵菌制剂已广泛应用于害虫的防治中，发现害虫不仅可以通过表面侵染的方式感染球孢白僵菌，还可以通过口服感染球孢白僵菌，例如将球孢白僵菌内生定植在玉米体内，和玉米植株形成内共生体使得玉米螟取食后死亡[41]。从玉米螟的综合防治技术来看，平均防效达 90% 以上，玉米挽回产量损失达 15% 以上，玉米增产达 13% 以上，投入产出比大于 1∶6，应用综合防治技术高效防控亚洲玉米螟，能够取得很大的效益[42]。

针对亚洲玉米螟进行生物防治的措施主要分以下几种：

5.2.4.1　生物农药的应用

苏云金芽孢杆菌属于芽孢杆菌科，是土壤中自然存在的革兰氏阳性菌，于 1901 年由日本学者 Ishiwata 首次发现，因其具有高效、广谱、使用范围广等特点，主要以转基因活性成分和微生物菌剂的方式应用于微生物农药市场，占全球微生物杀虫剂市场的 95% 以上[43]。Bt 最大的特点就是有效地避免了化学农药对环境的污染，同时增加了农作物的产量，提高了农民的经济效益[44]。我国同美国、阿根廷和印度等 9 个国家采用转基因抗虫棉的种植面积接近棉花种植总面积的 90%[45]。截至 2017 年，世界上 67 个国家种植的转 Bt 基因作物已超过 1.898 亿公顷，相比 1996 年增加 100 多倍，无疑给全世界带来了显著的环境和经济效益[45]。Bt 的杀虫活性成分来源于产孢过程中的伴孢晶体（parasporal crystal），其主要成分为 Crystal（简称 Cry）、Cytolytic（简称 Cyt）和 Vegetative（简称 Vip）蛋白[46]。在已鉴定的 294 个 Cry 毒素中，262 个毒蛋白都属三结构域蛋白（约占 89%）[46]。Bt 作为最成功的微生物源杀虫剂，其杀虫谱从鳞翅目、双翅目、鞘翅目已经扩展到膜翅目、直翅目、食毛目昆虫以及线虫、螨、原生动物。目前已经在农业生产中广泛应用了 80 年，具有见效快、无污染、对人类无害等优点，大大减少了化学农药的用量，成为了世界范围内最安全最高效的微生物源农药[47]。苏云金芽孢杆菌曾被 Ferre 等誉为化学杀虫剂最有希望的取代者[48]。其最大的特点就是杀虫具有高度专一性，不同亚种的杀虫谱各异，且同一种亚种对近缘昆虫的杀虫效力也大不相同。苏云金芽孢杆菌的另一特点是不能够垂直传播给下一代，然而长期毒性筛选下的害虫亦可对其产生抗性。目前已经报道的对转 Bt 基因作物产生抗药性的农业害虫包括小菜蛾（*Plutella xylostella*）[49]，粉纹夜蛾（*Trichoplusia ni*）[50]，入侵害虫草地贪夜蛾（*Spodoptera frugiperda*）[51]，玉米钻心虫（*Busseola fusca*）[52]，玉米根萤叶甲（*Diabrotica virgifera*）[53]，棉红铃虫（*Pectinophora gossypiella*）[54]等。为延缓害虫对 Bt 作物的抗性，生产上的努力主要集中在结合两种或两种以上的整合 Bt 毒素来增强杀虫效力，但这种方法常因害虫对一种毒素产生抗性进而对其他多种 Bt 毒素具有交叉抗性而成效甚微。目前迫切需要采用不显示交叉抗性的可替代方法来遏制害虫抗性。而令人担忧的是，我们对田间长期使用 Bt 导致害虫产生抗性的原因的认识仍远远不足，甚至在关键作用模式和结合方式上争议不断[55]。一旦抗性种群在田间爆发，对抗性机制作用靶标的不明确将使我们无法达到对害虫的长期有效的防控，给国家造成巨额经济损失。

　　白僵菌通过注射进入玉米植株内可以防治欧洲玉米螟。应用白僵菌防治玉米螟主要采用以下方法：田间撒颗粒剂白僵菌进行封垛，消灭玉米螟越冬幼虫。玉米心叶培养白僵菌治虫，白僵菌喷粉治螟这些方法都已在生产上推广应用[39]。因球孢白僵菌在田间进行穗期防治十分困难，所以生物防治第二代玉米螟的应用很少，在二代亚洲玉米螟发生区，仍然以防治第一代玉米螟为主。为防治第二代玉米螟提供了很好的思路。白僵菌作为我国东北地区防治玉米螟的重要手段，多年来进行了大面积的推广，得到了显著的防治效果。研究表明，球孢白僵菌在田间对玉米螟喷施可以在施药 5d 时效果不明显，但当喷施时间达到 10d 时，处理防效有所增加，在 2 个月过后，防治效果十分显著，结果显示喷施浓度达到 $10^{10} \sim 10^{11}$CFU/L 时防治效果比较明显，害虫在玉米茎秆上的蛀孔数目得到控制，玉米的生长状况和产量均有提升[56]。

　　前期研究表明，将苏云金芽孢杆菌和白僵菌混配成乳油制剂可以高效防治鳞翅目害虫[57]。在苏云金芽孢杆菌制剂中加入白僵菌分生孢子粉，可以扩大杀虫谱，克服杀虫速度慢、持效期短的问题。白僵菌分生孢子粉可反复侵染不同世代的寄主昆虫，加之苏云金芽孢杆菌的胃毒作用可以使得害虫的生理状况变差和免疫力降低，进而使得白僵菌的作用增强，也可短期弥补苏云金芽孢杆菌抗药性的缺陷，提高了对靶标害虫的作用效力和效率，是行之有效的生防混剂[58]。

5.2.4.2 天敌的应用

在自然界中，各种害虫的自然天敌昆虫和捕食昆虫、有益微生物种类很多。天敌昆虫可分为两类，即捕食性天敌昆虫和寄生性天敌昆虫。常见的捕食性天敌昆虫如螳螂、猎蝽、草蛉、瓢虫、步行虫、食蚜蝇、蠋蝽、胡蜂等[39]；常见的寄生性天敌昆虫如寄生蜂类和寄生蝇类等[59]。山东农业科学院在 20 世纪 60 年代成功地在柞蚕上生产了赤眼蜂，并找到了大规模生产的方法，后来传到了我国的其他地区。20世纪 70 年代，赤眼蜂研究和应用不断扩大，柞蚕的卵被用作赤眼蜂大规模饲养的宿主。赤眼蜂被广泛用于农业生物防治技术中，如防治亚洲玉米螟，还用于防治森林松树和人工林中的害虫，如马尾松毛虫[60]。近年来，赤眼蜂大规模生产的程序已被简化，每天都会产生 800 万～1000 万只赤眼蜂。释放赤眼蜂防治亚洲玉米螟的面积每年为 100 万～130 万公顷[61]。

赤眼蜂释放前首先要对越冬代玉米螟的化蛹和羽化进度进行调查，当田间玉米螟化蛹率达到 15%时，向后推算 10d 为最佳放蜂时间[61]。在黑龙江地区，一代玉米螟的放蜂时间为 6 月末，二代放蜂时间为 8 月初[61]。黑龙江省的赤眼蜂释放面积从 2018 年的 80 万公顷扩大到 2022年的 113 万公顷。研究者将玉米螟赤眼蜂（*Trichogramma ostriniae*）、松毛虫赤眼蜂（*T. dendrolimi*）和螟黄赤眼蜂（*T.chilonis*）释放到玉米田中对亚洲玉米螟的防效进行测定，通过测试平均被害株率、百株残存虫量和柱孔数的指标显示释放不同的蜂种对玉米螟的寄生率差异显著，以玉米螟赤眼蜂的寄生率最高可达 95.7%，检测出在黑龙江省第二积温带玉米螟赤眼蜂是最适合的生防蜂种[61]。自 20 世纪 80 年代以来，赤眼蜂放入到田间的应用技术得到了极大改进。根据亚洲玉米螟的产率，每一代害虫需要生产 30 万只赤眼蜂。此外，孙光芝等提出载菌赤眼蜂能够实现利用赤眼蜂的寄生控制作用的同时，将生防菌携带至害虫卵表面，对害虫进行持续控制产生增效作用[62]。

在政策上，随着中国政府对粮食生产和环境保护的重视，近年来，基于赤眼蜂的生物防治已扩展到黄淮海夏玉米区和西北玉米区，自2002 年以来，辽宁省和黑龙江省政府为支持赤眼蜂防治亚洲玉米螟提供了一些补贴。2018～2022 年，辽宁省的赤眼蜂总释放面积为 523万公顷。辽宁省省级或地方政府开始向省级植保站提供专项资金支持赤眼蜂的释放和玉米螟防治。省级植保局从专门公司订购赤眼蜂，并组织向县级植保站发放赤眼蜂卵卡至亚洲玉米螟严重的地区，政府只能满足赤眼蜂释放要求的 25%～50%，农民自己购买并释放额外的赤眼蜂。释放时间由当地县级植物保护站监测玉米中的亚洲玉米螟化蛹率确定。辽宁省已经大规模探索了这一策略从而实现了对亚洲玉米螟的可持续管理策略。同时，辽宁省实施植保无人机释放赤眼蜂防治水稻二化螟取得良好效果。

5.2.4.3　性信息素的应用

除了 Bt 外，性信息素也被应用于亚洲玉米螟的田间防治与田间虫口动态监测[63-66]，性信息素在田间用于诱杀亚洲玉米螟效率好于频振式杀虫灯，且针对性强，对环境中其他昆虫影响更小，且随着亚洲玉米螟性信息素的合成技术不断改良[67]，未来有望使性信息素的人工合成变得更经济、成本更低、效率更高。

昆虫性信息素是昆虫雌雄之间彼此交流和信号传递的化学分子语言[68]。雌性玉米螟羽化后 2 天就会达到性成熟，同时分泌大量的性信息素以吸引雄性玉米螟前来与之交配。性外激素具有很强的诱集能力，并且有高度化性，应用这个原理，采用人工合成的方法制作性信息素并转入载体内放置在性诱捕器中引诱大量雄蛾前来进行诱杀，从而干扰田间正常的雌雄交尾，降低雌虫交配率，从而使下一代虫密度急剧下降以达到降低种群产卵数量的目的。昆虫的性信息素已被用于虫情测报，对指导防治发挥了重要作用[59]。目前水盆式和三角式 2 种诱捕器对玉米螟的诱捕效果最佳，在贵州省对亚洲玉米螟进行诱捕的结果显示，飞蛾诱捕器悬挂高度为 120cm 时的诱捕效果为 10d 诱蛾量为 15.50 头，诱捕效果为最佳，诱捕量分别是悬挂高度 80cm 和 160cm 诱蛾量的 4.13 倍和 1.68 倍[69]。在浙江东阳市对田间亚洲玉米螟的诱捕研究发现，吉林农业大学的配方诱芯与船形诱捕器组合及青岛中益农与飞蛾诱捕器组合田间诱捕效果较好，两种诱捕器诱蛾总量无显著差异，诱捕器的悬挂高度为 180cm 的效果优于 150cm 和 120cm。在浙江东阳的田间种群监测结果表明，亚洲玉米螟在 5 月和 9 月各有一次比较典型的为害高峰，性诱剂可有效用于亚洲玉米螟田间种群监测[70]。不同规格和口径的诱捕器以及不同浓度的性诱剂对于诱捕雄蛾也有一定差异，诱捕器的位置设置与天气之间的关联、玉米植株的高低等因素也影响对雄蛾的诱捕效果。有研究表明，外口直径约 14cm 的塑料诱捕器搭配橡皮性诱芯诱捕雄蛾能够更好地使诱捕玉米螟雄蛾，是生物防治的重要手段[24,70]。而对亚洲玉米螟性信息素受体对性信息素的识别的分子机制研究将有利于筛选亚洲玉米螟性信息素的替代物，从而降低成本、减少对环境的污染。

参考文献

[1] 刘宏伟，鲁新，李丽娟，等. 我国亚洲玉米螟的防治现状及展望. 玉米科学，2005(S1): 142-143+147.

[2] 张孝羲，周立阳. 害虫预测预报的理论基础. 昆虫知识，1995(01): 55-60.

[3] 孟昭金，高静，陈平，等. 亚洲玉米螟预测预报方法及综合防治. 河北农业科学，2008(05): 39-40.

[4] 李启云，路杨，隋丽，等. 植物保护与农业绿色发展. 吉林农业大学学报，2021, 43(01): 9-15.

[5] 马艳清，柳树国，杨占刚，等. 自动虫情测报灯在害虫预测预报及生产中的应用. 云南农业科技，2019(02): 43-46.

[6] 孟昭金，高静，陈平，等. 亚洲玉米螟预测预报方法及综合防治. 河北农业科学，2008, 12(5): 39-40.

[7] 赵秀梅, 张树权, 曲忠诚, 等. 4 种亚洲玉米螟绿色防控技术田间防效及效益比较. 中国
    生物防治学报, 2014, 30(5): 685-689.

[8] 周丹丹. 玉米螟综合防治配套技术. 农业开发与装备, 2018, 8(4): 97+81.

[9] 桑文, 黄求英, 王小平, 等. 中国昆虫趋光性及灯光诱虫技术的发展、成就与展望. 应用
    昆虫学报, 2019, 56(5): 907-916.

[10] 姚晓东. 作物病虫草害的农业防治措施. 吉林农业, 2018, 16: 72.

[11] 洪渡, 丁扣琪. 农作物病虫害的农业防治措施. 植物医生, 2014, 27(02): 6-7.

[12] 杨宸. 不同秸秆还田方式对亚洲玉米螟幼虫越冬基数的影响. 北京: 中国农业科学院,
    2019.

[13] 宋健. 亚洲玉米螟越冬代三种测报方法的对比. 现代农业科技, 2019(07): 16.

[14] 徐清芳. 玉米品种对三种鳞翅目穗虫的抗性水平鉴定. 泰安: 山东农业大学, 2018.

[15] 李东阳, 肖冰, 王晨尧. 转基因抗虫耐除草剂玉米瑞丰 125 Cry1Ab/Cry2Aj 杀虫蛋白的
    时空表达分析. 生物技术通报, 2023, 39(001): 31-39.

[16] 农业农村部再批 3 个转基因玉米安全证书. 农药, 2022, 61(02): 86.

[17] 陈元生, 涂小云. 玉米重大害虫亚洲玉米螟综合治理策略. 广东农业科学, 2011, 38(02):
    80.

[18] 桑文, 高俏, 张长禹, 等. 我国农业害虫物理防治研究与应用进展. 植物保护学报,
    2022, 49(01): 173-183.

[19] 张玉芳, 于凤艳. 太阳能诱虫灯对玉米害虫诱杀效果初探. 农业与技术, 2018, 38(04): 36.

[20] 刘中芳, 高越. 性诱剂和糖醋液对苹果园苹果小卷叶蛾的监测和防治效果. 中国生物
    防治学报, 2019, 35(06): 861-866.

[21] 张泽溥. 为什么要限制和停止使用六六六、滴滴涕? 农业科技通讯, 1983, 10: 9.

[22] 杨军. 化学农药在植物保护应用中的注意事项. 乡村科技, 2021, 12(03): 79-80.

[23] 高希武. 我国害虫化学防治现状与发展策略. 植物保护, 2010, 36(04): 19-22.

[24] 王瑜, 代晓彦, 王瑞娟. 施药后不同时间玉米田中常用农药残留对玉米螟赤眼蜂的影
    响. 昆虫学报, 2022, 65(07): 852-865.

[25] 张航. 苏云金芽孢杆菌的研究进展. 黑龙江科技信息, 2016(34): 244-245.

[26] 孙召朋, 张正坤, 徐文静. 白僵菌培养基继代培养对蛋白酶(cdep1)、几丁质酶(chit1)基
    因表达的影响. 植物保护, 2012, 38(2): 66-70.

[27] 沙洪林, 迟畅. 玉米田亚洲玉米螟化学防治技术研究. 吉林农业科学, 2014, 39(05):
    67-68+83.

[28] 钱梦雅. 亚洲玉米螟对四唑虫酰胺的抗性机理研究. 安徽: 安徽农业科学院, 2021.

[29] 刘芳, 张长禹, 雷乾徐, 等. 亚洲玉米螟对几种杀虫剂的敏感性测定. 山地农业生物学
    报, 2020, 39(1): 38-42.

[30] 王振，王春荣，张齐凤，等. 黑龙江省玉米螟生物防治药剂筛选试验. 粮食科技与经济，2019, 44(11): 2.

[31] 胡志凤，孙文鹏. 亚洲玉米螟生物防治研究进展. 黑龙江农业科学，2013, 232(10): 145-149.

[32] 万方浩，叶正楚. 我国生物防治研究的进展及展望. 昆虫知识，2000(02): 65-74.

[33] 谭海军. 中国生物农药的概述与展望. 世界农药，2022, 44(04): 16-27+54.

[34] 王心喜. "以虫治虫"是中国人的智慧结晶. 科技文萃，1996(06): 108-109.

[35] 石俊霞. 关于生物农药在害虫防治上的应用问题探讨. 福建农业，2015(06): 134.

[36] 韩诗畴，吕欣，李志刚，等. 赤眼蜂生物学与繁殖技术研究及应用——广东省生物资源应用研究所（原广东省昆虫研究所）赤眼蜂研究 50 年. 环境昆虫学报，2020, 42(1): 1-12.

[37] 曹正明. 苏云金芽孢杆菌与现代生物农药. 现代农业科技，2008, 490(20): 140+142.

[38] 高成华. 微生物杀虫剂苏云金芽孢杆菌(Bt)的研究现状及应用. 农业工程技术，2015, 592(16): 64-66.

[39] 张水梅，杨帆，赵宁，等. 我国转基因玉米研发进展. 农业科技管理，2022, 41(05): 72-76.

[40] 周学尚. 白僵菌防治松毛虫的几种方法. 森林病虫通讯，1997(02): 8.

[41] 李福霞，胡维娜，胡琼波. 球孢白僵菌对亚洲玉米螟血细胞毒力和形态的影响. 华南农业大学学报，2016, 37(04): 6.

[42] 曹丽萍. 亚洲玉米螟综合防治技术研究. 安徽农业科学，2021, 49(15): 4.

[43] Bravo A, Likitvivatanavong S, Gill S S. Soberon M: *Bacillus thuringiensis*: A story of a successful bioinsecticide. Insect biochemistry and molecular biology, 2011, 41(7): 423-431.

[44] Nexter E, Thomashow L S, Metz M, et al. 100 Years of *Bacillus thuringiensis*: A critical scientific assessment, 2002.

[45] Isaaa: global status of commercialized biotech/GM crops in 2017: biotech crop adoption surges as economic benefits accumulate in 22 Years. ISAAA Brief, 2017.

[46] Adang M J, Crickmore N, Jurat-Fuentes J L. Diversity of *Bacillus thuringiensis* crystal toxins and mechanism of action. Insect Midgut and Insecticidal Proteins, 2014.

[47] 廖文宇，吕卓鸿，张友军，等. 害虫 Bt 抗性机制研究新方向: 昆虫体液免疫系统. 昆虫学报，2022, 65(11): 18.

[48] Ferre J, Van Rie J. Biochemistry and genetics of insect resistance to *Bacillus thuringiensis*. Annual review of entomology, 2002, 47: 501-533.

[49] Tabashnik B E, Cushing N L, Finson N, et al. Field Development of Resistance to *Bacillus thuringiensis* in Diamondback Moth (Lepidoptera: Plutellidae). J Econ Entomol, 1990, 83: 1671-1676.

[50] Janmaat A F, Myers J. Rapid evolution and the cost of resistance to *Bacillus thuringiensis* in greenhouse populations of cabbage loopers, *Trichoplusia ni.* Proceedings Biological sciences, 2003, 270(1530): 2263-2270.

[51] Storer N P, Babcock J M, Schlenz M, et al. Discovery and characterization of field resistance to Bt maize: *Spodoptera frugiperda* (Lepidoptera: Noctuidae) in Puerto Rico. J Econ Entomol, 2010, 103(4): 1031-1038.

[52] Van Rensburg. First report of field resistance by stem borer, *Busseola fusca* (Fuller) to Bt-transgenic maize. South Afr J Plant Soil, 2007, 24: 147-151.

[53] Grassmann A, Petzold-Maxwell, Koweshan R, et al. Field-Evolved resistance to Bt maize by western corn rootworm. PLoS One, 2011, 6(7): e22629.

[54] Dhurua S, Gujar G T. Field-evolved resistance to Bt toxin Cry1Ac in the pink bollworm, *Pectinophora gossypiella* (Saunders) (Lepidoptera: Gelechiidae), from India. Pest management science, 2011, 67(8): 898-903.

[55] Vachon V, Laprade R, Schwartz J L. Current models of the mode of action of *Bacillus thuringiensis* insecticidal crystal proteins: a critical review. Journal of invertebrate pathology, 2012, 111(1): 1-12.

[56] 曹旻旻. 白僵菌孢子悬浮液对亚洲玉米螟生长发育的影响. 种植技术, 2022, 2(3): 169-171.

[57] 张晓梅. 细菌和真菌的复合制剂及其对害虫的毒力研究. 合肥: 安徽农业大学, 2002.

[58] 王志英, 孙丽丽. 苏云金杆菌和白僵菌可湿性粉剂研制及杀虫毒力测定. 北京林业大学学报, 2014, 36(3): 34-41.

[59] 李莹. 赤眼蜂培育及防治玉米螟概况简析. 新农业, 2022, 979(22): 12.

[60] 王宇, 刘兴龙, 王克勤. 松毛虫赤眼蜂防治玉米田亚洲玉米螟技术优化. 黑龙江农业科学, 2022, 334(04): 39-43.

[61] 王连霞, 李敦松, 罗宝君, 等. 释放不同种类赤眼蜂对亚洲玉米螟的防治效果比较. 应用昆虫学报, 2019, 56(02): 214-219.

[62] 孙光芝, 张俊杰, 阮长春. 赤眼蜂载菌方式筛选及田间防治玉米螟效果.吉林农业大学学报, 2004, 26(2): 138-141.

[63] 刘双禄. 性信息素粘胶诱捕器和频振式杀虫灯诱捕二代亚洲玉米螟成虫数量的比较. 大麦与谷类科学, 2017, 34(03): 32-36.

[64] 王凯, 郑丽娇. 不同栖息场所对玉米螟的诱测效果. 辽宁农业科学, 2022(04): 74-76.

[65] 王忠燕, 李中珊, 董环, 等. 基于智能测报的沈阳市亚洲玉米螟监测. 浙江农业科学, 2020, 61(01): 101-103.

[66] 刘培斌, 陈彦, 王凯, 等. 性信息素技术在亚洲玉米螟监测中的应用研究.园艺与种苗,

2020, 40(09): 43-44+56.

[67] 梁霆, 孙宇峰. 亚洲玉米螟性信息素的合成研究. 黑龙江科学, 2013(07): 48-50.

[68] 黄勇平. 昆虫性信息素变异研究的进展. 中南林学院学报, 1998, 18(4): 89-96.

[69] 李鸿波, 周彩玲, 戴长庚, 等. 亚洲玉米螟田间性诱技术优化. 贵州农业科学, 2020, 48(5): 77-80.

[70] 韩海亮, 章金明, 包斐, 等. 不同性诱剂对亚洲玉米螟的诱捕效率及在种群检测中的应用. 植物保护, 2021, 47(5): 310-313.